テレ東的、一点突破の発想術

濱谷晃一
●テレビ東京　ドラマ制作プロデューサー

ワニブックス
|PLUS|新書

はじめに

最近、「テレビ東京って企画が攻めてるよね」、「テレビ東京ってアイディアがいいよね」などと嬉しい声をかけていただく機会が増えました。おかげさまでこの年末年始の視聴率が民放最下位を脱却したとのことで、ネットニュースで「1963年以来、観測史上初」と、まるで大型台風のような扱いで記事になっていました。

この本は、そんなテレビ東京の得意とする〝一点突破のアイディア発想術〟を皆さんに紹介する本です。

申し遅れました。私、テレビ東京のドラマプロデューサーの濱谷晃一と申します。「誰だよ?」というもっともなご意見は置いておいて、まったく無名の私がテレビ東京を代表して(?)このような本を出させてもらう運びとなったことに自分が一番驚いています。

出版のオファーを受けた理由に、僕がこの1年で『俺のダンディズム』、『太鼓持ちの達人～正しい××のほめ方～』、『ワーキングデッド～働くゾンビたち～』と、3つもオリジナルの連続ドラマを企画、実現したことがあります。その他に、現在はドラマ24『怪奇恋愛作戦』でプロデューサー兼監督をしており、２０１４年夏に再放送された『好好！キョンシーガール』も合わせると、1年間に5番組も自分がＰ（プロデューサー）やら監督やら、たまに脚本も書いている連続ドラマが放送されています。自分で言うのもなんですが、この数は異常に多いと思います。そして、これらは原作なしのほぼオリジナル企画です。

バラエティ班からドラマ部に異動してきてまだ2年、少し前まではＡＰ（アシスタントプロデューサー）として会議のお茶汲みをしていた僕が、こんなに多くの連ドラ企画を通せるようになったのは、テレビ東京のバラエティ番組で学んだ〝一点突破の企画術〟をドラマ部門でも実践したからです。これらは、すべてテレビ東京の番組作りの中で気づかされたものです。

別にテレビ東京に「一点突破の発想術」などというマニュアルがあるわけではありま

せんが、テレビ東京のバラエティにはそうしたＤＮＡが伝承されています。それに自分なりのメソッドを足して、企画開発術・アイディアの発想術として構築したのです。

これからこの本の中で紹介していきますが、「テレ東的、無理やりアイディア量産術」、「企画に差をつける7つの『さ』」など、天才的なひらめきがなくても、機械的に良いアイディアを思いつくための工夫です。

それは本当に些細なことばかりですが、こんな簡単なことを心掛けるだけで企画がボンボン浮かぶようになり、しかも地上波連続ドラマとしてバンバン実現するようになるなんて！――と、自分でも驚いています。

また、テレビ東京で独創的な企画を実現している僕の先輩だったりライバルだったりするプロデューサーにも、その発想の秘訣をこっそり取材してみました。

テレビの職種に限らず、企画を考えたり、アイディアを求められる機会がある方には、役に立つヒントが書かれていると思います。

ちなみに、この発想術は、
制約が多ければ多いほど効果があり、
才能がなくてもアイディアを強制的に出せる
ようになるためのものです。

なので、あり余る予算環境で、たぐい稀な才能にあふれる方にはなんの参考にもなりませんのでご了承ください。

2015年1月

テレビ東京　濱谷晃一

目次

第二章　テレ東的、無理やりアイディア量産！　7つの秘訣

第三章

企画に「差」をつける7つの「さ」
——テレ東的、一点突破する企画書作り……83

第四章　「ない」から生まれるナイスな閃き(ひらめ)

第五章 テレ東の注目Pに聞く発想術

おまけ

おわりに

序章　テレ東のアイディア第一主義

——ワンテーマで一点突破するDNA

「アイディアが命」のテレビ東京

テレビ東京には企画のアイディアをとても大切にする文化があります。

社員は皆、他局にはない斬新でテレビ東京らしい企画を考えようという気概がありますし、企画募集には毎回、とてもたくさんのユニークな企画が集まります。

それは、なぜか？

答えは簡単。テレビ東京が予算やビッグネームの出演などに関して他局にビハインドがあるからです。

とはいえ、テレビ東京もおかげさまで最近はゴールデンで豪華な大型特番も編成されるようになり、ビッグネームもけっこう出演してくれるようになりました。でも、低予算のハンディをアイディアで凌駕する〝一点突破の企画〟に正解を求めるＤＮＡは色濃く残っています。

僕が入社した当時の上司が言っていた話を思い出します。

「予算〇〇万円と聞いて、他局のプロデューサーが『そんな予算じゃ番組は作れない！』

と言ったのに対して、テレビ東京のプロデューサーは『そんなに予算があったら、使い道がわからない』と言った」

冗談半分だと思いますが、実にテレビ東京らしいエピソードだなと思いました。

僕が担当したドラマ『俺のダンディズム』は、某スポーツ紙で「他局の深夜ドラマの3分の1の予算、○○万円で作るなんてスゴイ！」とお褒めの言葉をいただきましたが、実際はその半分の予算で作っていたので思わず苦笑してしまいました。また、タクシーで「テレビ東京へ」と告げてTBS前で降ろされることなど日常茶飯事。この手のアメリカンジョークならぬ〝虎の門ジョーク〟は挙げ始めたら枚挙にいとまがありません。

僕の被害妄想かもしれませんが、出演者も「映画↓NHK↓民放他局↓WOWOW↓テレビ東京」の順に出演番組を選んでいる気がしています。出演者事務所の皆さんは大人なのでハッキリそんなことは言いませんが、キャスティングプロデューサーの方と話していると端々にそういうニュアンスを感じます。

予算が少ないので、制作会社から企画が回ってくるのも最後、出演者が出演先として選んでくれるのも最後、条件のいい原作が回ってくるのも最後。そんな三重苦を打破するためには、良い企画を考えるしかない！　――だから、低予算でも輝きを放てるオリジナル企画を考えて他局に勝つ、そして、企画の面白さで出演者を口説く、これしか勝ち目はないのです（卑屈ですみません、自分たちを叱咤する意味も込めて……）。

テレビ東京の企画はオリジナリティが高いと言われていますが、お金があり過ぎるとなんでもありの企画に走ってしまうのではないでしょうか。

大物タレント名を冠にして、内容がフワッとしている番組がよくあります。これはタレントありきで企画され、作りながら鉱脈を探していく強者の番組作りです。テレ東はこういう総合バラエティが作りたくても作れなかったわけです。

新聞の番組欄（通称、ラテ欄）を見ると顕著です。テレビ東京のラテ欄はバラエティにしろドラマにしろ、出演者名の紹介が少なく、内容の紹介ばかりです。これも、何を番組の売りにするかの姿勢の表れだと思っています。

だから『YOUは何しに日本へ？』、『開運！なんでも鑑定団』、『出没！アド街ック天国』、『田舎に泊まろう！』などなど、テレ東でヒットする番組は本当に番組コンセプトがシンプルで、そのワンポイントのアイディアが素晴らしいものばかりです。

ADが明日からプロデューサーに⁉

　このようにテレビ東京は企画を重視する会社なので、制作部署の人間は忙しい合間を縫って番組企画を提出します。企画に関しては平等ですし、年功序列もありません。

　僕の先輩で、現在は『ゴッドタン』の演出もしている佐久間宣行Pは入社3年目で『ナミダメ』という深夜番組の企画が通り、通常業務はAD（アシスタントディレクター）なのに、自分の番組ではプロデューサーに抜擢されました。

　普段はADバッグを肩から掛けている先輩が、夕方に颯爽（さっそう）とジャケットを羽織って、「じゃあ、俺、MC打ち合わせ行ってくるから」と出掛ける姿は、まるでお城の舞踏会に出席するシンデレラのようでした。

「企画が通ったら、こんなに出世できるんだ！」と、当時の若手社員にとっては希望の星でしたし、誰よりも佐久間P本人がそんな話をしていました（笑）。

　新入社員だった僕も佐久間Pの記録を塗り替えようと夜な夜な企画を書きました。まあ、結局、5年ほどかかってしまいましたが、僕のPCには日の目を浴びずに没した企画の屍が累々と横たわっています。でも、それが今の企画開発につながっていると信じています。

飲み屋で「企画じゃんけん」⁉

そんな佐久間Pと、『完成!ドリームハウス』や『和風総本家』、『空から日本を見てみよう』などを立ち上げ、「企画の鬼」と呼ばれた永井宏明Pと3人で飲みに行った時に強烈に覚えているエピソードがあります。

永井Pが突然「企画じゃんけんをやろう」と言い出したのです。一瞬何を言っているのかわかりませんでした。今、おのおのが考えている企画を発表して、どの企画が一番面白いかで勝負しようというのです。

飲みの席でそんなことを言い出す永井Pにも驚きましたが、「じゃあ俺から」と喜々として自分の企画を話す佐久間Pにも驚きました。

でも、そんな社員同士のいい意味でのライバル関係も企画を生み出す文化に一役買っているど思います。

ちなみに永井Ｐは大学新卒で博報堂に入社し、マーケティングなどをしていたのに、30歳を過ぎて番組制作会社に転職してＡＤに。その数年後にはテレビ東京に転職して、入社間もなくバンバン企画を通しまくってスターＰになった異端児です。

考える企画もタレントに頼らない好企画ばかり。『完成！　ドリームハウス』は建築現場を延々撮影しているだけだし、『空から日本を見てみよう』も延々街並みを空撮しています。『和風総本家』は総合司会がテレビ東京の増田和也アナひとりです。でも、どの番組も個性的でヒットしています。

僕は密かに「この人についていこう」と永井Ｐを目標にしていたのですが、数年前に突如テレビ東京を退職して独立してしまいました。今は「ユニット」という制作会社を立ち上げ、そこで演出やプロデューサーをしています。

昨年、僕が企画したドラマ『俺のダンディズム』ではプロデューサーとして参加してもらって、いろいろとアドバイスをいただきました。

「制作費50万円」募集に企画が殺到!?

テレビ東京の企画募集のテーマは「新しさ」、「テレビ東京らしさ」、そして「高視聴率が狙える」の３つとシンプルです。つまり、具体的なキャストやクリエイターなど企画内容以外に関する記述は重視されません。これぞまさにコンペ、企画勝負の社風の表れです。

そんな中、数年前にとても印象的な企画募集がありました。

「制作費50万円で作れる30分番組」

予算50万円で30分番組を作るのは、本当に大変です。でも、若手が独創的な番組をどんどん企画していました。

例えば、２０１３年の1月に放送された『テレビは○○で出来ている』という番組。野球のネクストバッターズサークルだけを専門に描く職人を取り上げたドキュメンタリー――もちろんそんな職人はいませんからフェイクドキュメンタリーなのですが、面白い作りでした。結局、「○○」には「ウソ」が入るのがオチなんですが。

あと、街中で笑っている人を見かけては、笑っている理由を聞くだけの番組、『今、何で笑ったんですか?』もやっていました。どちらも、オリジナリティ抜群でしたが、50万円という制約が、普通ではない番組作りを促したのだと思います。

僕自身は〝若手〟と呼びづらい年齢だったので、企画を出すのを遠慮しましたが、「『みんな透明人間!』というドラマなら出演者ゼロだし50万円でも作れるかな?」とか、「『パラパラ漫画GP』なら紙芝居の持ち込みだから作れるかな?」など想像を膨らませていました。制約があれば、それに見合ったアイディアの引き出しが生まれるので、良い刺激になります。

「テレ東の独自のアイディア」といえば、報道もその例に挙げられます(独自路線というと、大事件が起きてもテレ東だけはアニメを放送しているとか、東京オリンピックが決まった瞬間、通販番組を放送していてブレないとか、よく言われますが、あれには諸々の事情がありまして、別にそこで〝ブレないテレ東〟を主張しているわけではありません)。

昨年末も『池上彰の総選挙ライブ』が大きな話題になりました。他局がすべて出口調査を行い、どこが一番先に当選確実を出すか競い合う中、テレ東で同じことをやっても意味はないだろうと報道局は考えたようです。お金を使って出口調査をやってもいいのですが、それよりも「こんな面白い候補者がいますよ」、「ここの選挙区はこんな闘いをやっていて面白かったんですよ」ということを見せたほうがいいだろうという判断です。

候補者の紹介プロフィールも非常にユニークでした。石破茂氏のプロフィールなんて「家族が一緒の旅行を嫌がる」ですよ（笑）。そういう切り口で選挙特番をやっているのがテレ東だけというのが良かったのだと思います。結果、視聴率では民放トップに輝いたわけですから。

人海戦術でお金をかければできる――つまり、他局もやるようなものに追従しても勝ち目がないというのが、社内のコンセンサスとして社員の念頭にあります。報道局においてもそうであることが証明された形です。

もともと中継局もスタッフも物量では他局の足元にも及ばず、しかも「経済」という映像表現の難しい分野で勝負している報道局は、『ガイアの夜明け』や『カンブリア宮殿』などの番組を見ても、すごいアイディアが豊かだと常々思っています。

特に、報道局には福田裕昭という天才プロデューサーがいるので、いつか発想の秘訣を聞いてみたいと思っているのですが、僕が人見知りなもので、この13年間話しかけるチャンスをうかがったまま、挨拶すらできずにいます（笑）。

「〇〇しているだけの番組」はテレ東的、美学の表れ

近年のスマッシュヒットである『YOUは何しに日本へ？』は、空港で外国人に話しかける〝だけ〟の1アイディア番組です。しかし、外国人が日本を訪れた意外な動機や、日本の素晴らしさを外国人ならではの視線で語ってくれる嬉しさ、そして空港から密着した先で起こるハプニングや思わぬ感動が番組に広がりを与えています。

長年、愛されてきた『田舎に泊まろう！』も、芸能人が田舎で民家に泊まる〝だけ〟のバラエティです。しかし、田舎で出会うとても面白く温かい人々との交流、そして、偶然泊まった家庭の意外な歴史に目頭が熱くなります。ひとつのアイディアを入り口に奥行きのある展開を作る好例です。

「○○しているだけの番組」は、アイディア1点の入り口から、無限の広がりを見せてくれます。

逆に、1点のアイディアに自信が持てず、あれやこれやと欲張って流行や情報をプラスして補うと、番組の軸がブレて見えます。

テレビ東京でヒットする番組は、どれもそのコンセプトが明確でとてもシンプルです。それは予算を節約せざるを得ない制約のせいもありますが、実は企画の見どころを突き詰める〝アイディア一点突破〟の美学の表れだと思います。

「○○しているだけの番組だけど面白い」はアイディアに対する最高の褒め言葉です。

テレビ番組に限らず、あらゆる業界や商品にも通じる理念ではないでしょうか。

「●●しているだけ」はアイディアへの褒め言葉

第1章　アイディアに年功序列はない！

――地味な私にテレ東が勇気をくれた

企画を通す最大の秘訣は⁉

テレビ東京で14年間、企画のことばかり考えてきて、諸先輩方の仕事の姿勢からもあらためて思うのですが、企画を通す上で一番大切なことは明白です。

「絶対、企画を実現したい！」と強く思うことです。

「なんだ、そんなことか？」と拍子抜けするかもしれませんが、これが何よりも大事だと確信しています。

テレビ東京で企画を通しているプロデューサーの共通点は、オリジナルのアイディアで企画を作ることへの執念が尋常ではなく強いことです。

企画を考えるのはルーティンの職務ではないので、通常業務が忙しいとついつい手を止めてしまいがちです。

しかも会社にいると、企画は上層部がどこからか持ってきたりするので、もらい仕事に精を出せば上の覚えもめでたくなるものなのです。特にテレビ局の場合は、外部の制作会社や作家さん、ＤＶＤメーカーなどから企画がたくさん持ち込まれるので、自分で企画を考える必要はなかったりもします。

つまり、強い意志を持たないと企画を死ぬ気で考えることはなくなります。

「通常業務が忙し過ぎて」

「うちの会社は古い体質だから」

「なかなか企画が通る文化じゃないから」

「今は原作の時代だから」

どの会社にもいろいろ事情はあると思います。テレビ東京も例外ではありません。

でも、常に僕が心掛けているのは、「何が正解か」ではなく、「自分が何をしたいか、自分がどうなりたいか」を優先すること。正解はその後に考えればいいのです。

それが会社の一番の利益かどうかは、この際、一旦置いておきましょう。「絶対、企画を通したい!」、「自分はこれを世に出すんだ!」というエンジンがいかに強いかがすべてです。

ここで、僕のエンジンは何かを、恥ずかしながらお話ししていきます。

「見かけによらず面白いんです！」が原動力

よくメディアに出てくる「プロデューサー」という肩書の人は、オシャレで明るく、ルックスに自信のある人が多い気がします。実際、テレ東のプロデューサーも（テレ東のくせに）見た目が印象的だったり、カッコよかったりする人が意外と多いです。

僕は暗そうだとか、おとなしいと言われることが多く、会合などでも「あれ、濱谷いたっけ？」とよく言われます。芸能関係のマネージャーさんには4回くらい会って挨拶しているのに、「初めまして」と名刺を渡されることもよくあります。

新人ADの頃は、顔色が悪いという理由から、すこぶる健康であるにもかかわらず3連休をいただき、「キャラが暗いから明るい服を着てくるように」と真顔で指導もされました。

ただ、僕の天性の華のなさは仕方ないとして、とても悔しかったことがあります。ADの頃に、先輩から「お前みたいなマジメ君は良いディレクターにはなれない」、「お前みたいに暗いやつに面白い番組は作れない」と言われたことです。

テレビ業界では、細かい仕事が得意なADはディレクターになっても大成しないという定説があります。まさに僕は細かい仕事が得意なADでした。あまりに悔しかったので、心の「デスノート」に何人かの名前を書き込んでしまいました（笑）。

そして、やっぱり、自分の天性の華のなさは、面白いものを作ることでひっくり返すしかないと強く思いましたし、それは今でも思っています。

「僕、見かけによらず面白いんです！」

この心の叫びが、僕の物づくりのエンジンです。

ちょっと屈折した性格に聞こえそうで不安ですが、自分の仕事のスタンスや将来のことを考える時に何にプライオリティを置くか、自分のアイデンティティは何かを把握しておくと楽です。

アイデンティティというと大げさですが、

「褒められて一番嬉しいこと」

「成功した時に一番テンションが上がること」

と置き換えてみると、どうでしょうか？

企画を通したら、世界が変わった

僕は前述のような不遇なＡＤ時代を過ごしながら、入社5年目くらいで少し遅くディレクターになった時に、ふたつ同時に企画が通りました。自分の企画では演出責任者であり、プロデューサーになりました。すると、劇的に職務が変わったのです。

ひとつは『熱狂的ファンツアー』という特番で、共通のアーティストを好きな有名人が立場の垣根を越えて盛り上がる番組です。当時長野県知事だった田中康夫さんと、お笑い芸人のまちゃまちゃさんがともに「エレファントカシマシ」のファンだという情報を知り、政治家と芸人が一緒にライブに行ったりグッズを買ったりするのは素敵だなと思って企画しました（残念ながら、このふたりの組み合わせは実現しませんでしたが）。

もうひとつは『愛のむち』という1クール限定のレギュラー番組で、とあるタレントが将来どうしていくべきかを、他人が議論するという番組です。円形に並んだコメンテーターたちの中央には檻（おり）に入れられたタレント本人がいるのですが、議論に参加してはいけないため、言いたい放題言われます。

この番組にはレギュラー出演者が3名いたのですが、それが今考えるととっても豪華。司会はテレビ朝日のドラマ『ドクターズ』シリーズの主演でも大人気の俳優、沢村一樹さんと、芸人のビビる大木さん。そしてコメンテーターは、民放キー局初出演となるマツコ・デラックスさんです。マツコさんはTOKYO MXの番組を見て、非常に面白い方だったので出演オファーしたのですが、キー局初出演がテレビ東京だったとは、皆さんご存知ないのではないでしょうか。当時からすでにコメントの切れ味は抜群で、最初は1回だけの出演予定だったのですが、すぐにレギュラーに変更しました。

幸運なことにこのふたつの企画のおかげで、20代で演出、プロデューサーを経験して以降は、レギュラー番組でも総合演出（チーフディレクター）やプロデューサーばかりやらせていただけるようになりました。自分へのご褒美として、生地のしっかりしたジャケットを銀座で買ったことも覚えています（笑）。

その数年後、念願だった連続ドラマのチーフ監督と脚本も担当しました。テレビ東京には社員のドラマ監督がいませんが、僕はバラエティ班にいながら担当できたわけです。

それはなぜか？　答えは簡単で、自分でオリジナルの連続ドラマを企画・実現したからです。

企画を通すアイディアは、ステップアップの最大の武器だと思っています。

企画の正解は企画者だけが持ち、企画者は企画の責任者になります。だから今日ADであっても、企画さえ通せば明日からプロデューサーになれるのです。

それってすごいことだと思いませんか？　経験や役職をブッ飛ばして一足飛びで責任者になれるなんて。

実は「プロデューサー」はやりたくない⁉

テレビの「プロデューサー」というと、どんな人種をイメージするでしょうか？　僕のイメージは、肩からセーターをかけて、コンサートや会食に足繁く通って、社交的で、タレントをチャンづけで呼ぶ人です。

僕は、実は最近までプロデューサーはやりたくないと思っていました。脚本家に本を書いてもらい、監督に演出してもらい、多くのスタッフを調整し、予算を管理する——

正直、「なんかクリエイティブじゃないなー」と感じていたのです。

特にプロデューサーの仕事の中でも苦手なことは、用もないのに現場に顔を出さなくてはいけないことです。

プロデューサーは差し入れを持って現場に行って、タレントと雑談をして、スタッフに挨拶をして、みんなを盛り上げて帰ってくる……大事な仕事だとはわかっていますが、僕は苦手です。役者さんの肩を揉みながら、「すごい赤が似合いますね～」とか、「この間、教えてもらったお店に行ったんですけど、すごい美味しかったです」と言うことがなかなかできません。

マンションのエレベーターで誰か乗っている気配を感じると、ボタンを押さずに乗るのを遅らせるほどの人見知りの僕にとって、プロデューサーとして必要なコミュニケーション能力の低さは死活問題です。どうしたら現場でタレントやスタッフと円滑にコミュニケーションが取れるのか本気で悩んでいて、この間『雑談力』という本を買って勉強したほどです。

僕が企画し、この1月から放送された手塚とおるさん主演ドラマ『太鼓持ちの達人』は、コミュニケーションが苦手な登場人物が、苦手な相手の良いところ、言われたら嬉しいことなどを学び、褒めて味方にしていくという処世術ドラマです。人見知り社会人に向けたハウツーものでもありますが、実は自分へのエールでもあるんです。

とまあ、いろいろと苦手なこともあるプロデューサー業務ですが、最近はむしろやりたい職種だと感じてきました。

なぜなら、自分が仕事で一番やりたいことは「企画を考えること」、「面白いことを考えること」、突き詰めると「企画を考えて、その企画を正解に導くこと」だからです。それは、やはりプロデューサーの仕事です。僕は欲張りなので、自分の企画では脚本も監督もプロデューサーもすべてやりたがってしまいますが。

プロデューサーという職種は、スタッフの上に立つ仕事なのか?——まあ、仕事の発注者という点ではそうかもしれません。でも、企画者だと考えるとちょっと違います。

プロデューサーは企画の風上に立つ仕事です。僕は、上というより、入り口に立ちたいのです。

チャレンジから逃げないふたつの〝おまじない〟

「絶対、企画を通したい!」と思う僕のモチベーションはご理解いただけたでしょうか。とはいえ、新しいことにチャレンジする時は、責任や失敗のリスクもあるので、腰が引けてしまいそうな時があるのも事実です。

人一倍臆病な僕が逃げないでチャレンジできている、そのためのおまじないをふたつご紹介します。

その① 打席に立つのに早過ぎることはない

チャレンジの打席に立つのに早過ぎることはない! 自分を奮い立たせるテーマです。

「もっとキャリアを積んだら……」

「いつか準備が整ったら……」

慎重になってしまうのも理解できますが、本当に必要なキャリアは経験しながら積めるし、漠然とした〝いつか〟などやって来ない気がしています。

巨匠オーソン・ウェルズが映画『市民ケーン』を監督したのは25歳の時です。でも、彼の長い監督人生で一番のヒット作も『市民ケーン』です。意外と処女作が最大のヒットの人って多い気がします。経験よりもアイディアが大事だという証拠です。

映画『太陽を盗んだ男』で有名な長谷川和彦監督も若くして名作を手掛けていますが、デビュー作の『青春の殺人者』のリーフレットには「25歳の時にしか撮れない映画がある」とコメントしていました。僕はそれを25歳の時に見て、「やばい、今年撮らなくちゃ！」と焦ったものです。

何か目の前にチャンスが転がってきた場合、たとえ「自分には分不相応だな」と思う局面であっても、思い切って手を挙げるべきです。チャンスは2回やってくるとは限りませんから。

年齢を重ねるほど手を挙げるハードルは上がります。

恥をかける年齢のうちにチャレンジしておくのに越したことはありません。

その② 打席に立つのに遅過ぎることはない

その①とは真逆ですが、何歳になっても打席に立てるとも思っています。

25歳過ぎた頃から、僕は同い年の人が世の中で活躍していることに焦りを感じていました。実はドラマ希望でテレビ東京に入社したのにバラエティ班に配属され、ドラマとはまったく無縁の生活を送っていたからです。

30歳過ぎてもドラマにまったく携われなかったので、もうドラマの監督をするのは無理かもしれないなーという不安はありました。

しかし、そんな時は、インターネットで遅咲きの人を検索します。

伊能忠敬が全国を測量し、地図を制作したのは55歳から。71歳までかけて計測し、教科書に載るような偉人になりました。ファーブルが『昆虫記』をまとめたのも54歳からだそうです。夏目漱石も37歳で小説家デビュー。カーネル・サンダースは65歳で「ケンタッキー・フライドチキン」のフランチャイズを開始。クリント・イーストウッドが『ジャージー・ボーイズ』を撮ったのは84歳、黒木瞳さんは54歳であの美貌――。

まあ、最後のほうは脱線してしまいましたが、**何歳になっても成功できると自己暗示をかけることが有効です。**

先ほど話に出てきた『ゴッドタン』の佐久間Pが25歳の時には、「テレビ局員がディレクターをできるのは35歳までだから、それまでにやりたいことをやっておかなきゃダメだ!」と熱弁していました。ところが、佐久間Pが35歳になる頃には、「テレビ局員がディレクターをできるのは40歳までだから、それまでにやりたいことをやっておかなきゃダメだ!」と上限が上がっていました。

現在39歳になった佐久間Pは生涯ディレクターをやりそうな気配です。年齢なんて関係ないんですね。

夢を諦めない〝水野晴郎の格言〟

もう亡くなりましたが、映画評論家の水野晴郎さんが、「映画をやりたかったら、どんなことでもいいから映画業界のそばにいたほうがいい、ずっと近くにいると、いつかチャンスが回ってくる」――そういうことを書いていました。そして水野さん自身、『シベリア超特急』を65歳で初監督しました。

夢を叶えるには、やりたいことのそばにい続ける――。本当にその通りだと思います。

僕はテレビ東京にドラマ希望で入社したのに、ずーっとバラエティ班でした。入社6年目くらいからは、バラエティの演出家としても軌道に乗り始め、仕事も楽しくなっていました。バラエティの部署でもそこそこ必要とされる人材になっていたので、なおさらドラマ部への異動希望は叶わないかもしれないと思いました。

まあ、ここでバラエティをやっていくと腹をくっても良かったのですが、どうにかしてドラマの脚本や監督の仕事に近づけないか模索していました。

そこでまず、仕事の合間を縫ってシナリオスクールに通い出したのです。ドラマのノウハウを勉強して、オリジナルドラマの脚本が書けるようになれば、監督になれるかもしれないと思ったからです。もう時効だから言いますが、それどころか、脚本を書いて他局のシナリオコンクールに応募したこともありました。入賞したら脚本家デビューしようと密かに思っていたんですが、幸か不幸か、入選どころか1次選考も通りませんでした。今思うとすごく安直な考えでしたね。

でも、ドラマのシナリオを書くことは楽しかったですし、脚本家を目指す人たちとお話をして、ドラマ熱はより高まりました。

ちょうどその頃、僕は子ども番組『ピラメキーノ』で「総合演出」を担当していたのですが、無理やり『ざっくり戦士ピラメキッド』という特撮ヒーロードラマコーナーを作って、自分で監督をしてしまいました。

夕方のベルトと金曜のゴールデン帯、合わせて1週間に3時間30分もの放送がある『ピラメキーノ』の総合演出でありながら、ミニドラマの監督に熱を上げるのは、会社側からしてみればとても褒められた姿勢ではありません。ただ、アクション映画畑の人たちから特撮の撮り方などを習って、「これでいつ打順が回ってきても、俺はアクションが撮れるぞ、むふふ」と、内心では思っていました。

その後、2012年にバラエティ班にいながら企画した連続ドラマ『好好！キョンシーガール』は、自分でプロットを考え、脚本・監督もしました。テレビ東京の社員が脚本・チーフ監督でドラマをやるなんて前代未聞でしたが、そこは空気を読まずにやり遂げました。

そこでは、シナリオスクールに通った経験や、『ピラメキッド』を監督した経験をフル活用しました。諦めず目標に近づき続けた結果だと思っています。

希望の部署に行けない不幸なあなたへ……

会社員になって、希望の部署に行けないという悩みを持っている人は大勢いるのではないでしょうか。

その時の人間の行動には大きく分けてふた通りあると思います。現在の部署でとりあえず頑張るか、希望の部署に行けなくなる心配から現在の部署で頑張らないか、です。

もし自分の部下がスネて、他の部署に「行きたい、行きたい」と言っているのであれば、上司としてはあまりいい気持ちはしないはずです。

また、「本当に今の部署つまらないんで、そちらに行きたいです」と言うような他部署の部下なら、もし自分の部署に呼んだとしても、また「思っていたのと違う」と不平を言いそうな気が、受け入れる側の上司にしてもするのではないでしょうか。

結局のところ、配属された部署で結果を出していかないと、どこからも評価されずに終わる危険があります。そこで難題にぶつかって、努力したことや学んだこと、培ったノウハウは必ず次の部署で自分の強みになるはずです。

僕もバラエティの経験は、ドラマにはないアプローチの武器になりました。スティーブ・ジョブズも「点と点のつながりは予測できない。後で振り返って、つながりに気づく。今やっていることがどこかにつながると信じてください」と言っていました。やっぱり良いこと言いますよね、ジョブズは。

僕はバラエティの部署でも、「つまらない人間だ」と思われたまま終わりたくないという思いがありました。だから、バラエティの企画書も人一倍出しましたし、演出業務にも身を粉にして注力しました。

だから、12年経ってもドラマ部に異動できなかった時、「俺は今バラエティで活躍しているから、バラエティが俺を手放さないんだな。引く手あまただな、俺って」と、勝手に自分を鼓舞していました。後日談で、ドラマ部の偉い人から「お前くらいの年次はあんまり必要なかったんだよ」とハッキリ言われましたけど（笑）。

「KY仕事術」のススメ

監督をやったことがないけれども機会があるなら手を挙げる、脚本を書いたことがなくても機会があるなら手を挙げる——恥を忍んででもチャンスが到来したら手を挙げることが大事です。いえ、チャンスが来なくても手を挙げ続けたほうがいいのです。

今、自分のドラマ企画で主演キャストをブッキングする際、出演者事務所から「監督はどなたですか?」と必ず聞かれます。その時に、なんの実績もないのに「監督は僕です」と答えるのは非常に勇気が要るものです。相手の「は、はあ……」というリアクションはいつも身にしみます。

でも、そんなことはどうでもいいのです。自分はやりたくて企画を通しているわけですから。監督が有名ではなくても、出演してもらえるくらいの企画を考えるのみです。

でも最近、ドラマ24『怪奇恋愛作戦』で監督を担当した時は本当に勇気が要りました。演劇界の重鎮、ケラリーノ・サンドロヴィッチさんが脚本・チーフ監督を務める本作品は、ケラさんを慕って、麻生久美子さん、坂井真紀さん、緒川たまきさん、仲村トオルさんなどなど、テレビ東京とは思えない超豪華出演者が集いました。しかも、セカンド監督は日本アカデミー賞をはじめ、2013年の映画賞を総なめにした映画『凶悪』の白石和彌監督です。

演劇界と映画界の鬼才ふたりが演出する作品で、僕みたいなドラマ歴数年の会社員が監督をやるなんて失礼以外の何物でもありません。いや、頭ではわかっています。でも、そこは空気を読まずにやらせていただきました。

今も自分の力量不足を反省していますが、それでもチャレンジしたことは後悔していません。貴重な経験をさせていただいた喜びのほうが大きいですから。

今回、僕がこうして本を出しているのもそうです。

「大したヒット作も生み出していない僕が、偉そうに本を出すなんて10年早いです」

最初はそう返事をしました。しかし、僕のような小市民に「本を書いてみないか？」

とお声がかかることなんて、きっと人生最初で最後に違いありません。ここは恥を忍んで書くことで、何か環境が変わるかもしれないと一縷の期待をしているのです。ところで、皆さんはテレビ業界で活躍するプロデューサーというのは面白い人が多いと思っていませんか？

意外かもしれませんが、面白くない人もけっこういます。言っていることもトンチンカンだし、アイディアも「?」の人もいっぱい存在しています。でも、そういう人たちに共通している長所は、「それ面白いじゃん！」、「それ企画になりそう！」とすぐテンションが上がることです。詳細を聞いてみると苦笑いしてしまうこともありますが、僕を苦笑いさせたアイディアが1年後にテレビで放送されていたりしますから、その執念というか、**天然ポジティブ恐るべしです。**

逆に、オリジナル企画を通せない人の特徴は聡明過ぎることです。「ここがダメ、あそこがダメ」といろいろ欠点を言い当てるのが得意な人は、自分の企画も欠点が目について自分で却下してしまい、土俵に上がることができません。難しいですね。

企画を磨くふたつの〝クセ〟をつける

企画に関しては「書く」クセをつけたほうが良いでしょう。すると、いつも企画の種を探す習慣ができます。また、100点満点の企画が浮かんだら出そうと考えていると、いつまで経っても出せません。企画書は3枚で大丈夫なのでとりあえず書くべきです。

企画が通らないのを会社のせいにし始めると、企画を考える手が休みます。通りづらい環境の中で通している人もいるはずだし、環境を変える方法を模索してみる必要もあります。要は環境のせいにして、思考を停止させてしまうのはもったいないことです。

それから、自分が考えた企画を人に「話す」クセをつけます。会議などで自分の企画を恥ずかしそうに、自信なさそうに話す人がいます。本人に自信がない企画に他人は乗ってくれません。

だから、面白そうに話すクセをつけて、いつでも打席に立てる準備をしておきます。しかも言葉にすると、相手のリアクションで企画の良いところと悪いところが精査できるというメリットもあります。

1回打席に立つと自分の企画の良いところ、悪いところに気づくという非常に高度な経験ができます。すると次につながります。企画が1個通ると、通し方が身に付きます。

普段の僕はすごく場の空気を読むタイプだと自負していますが、企画やチャンスに関してはかなりKYです。

空気を読んで身を守るより、打席に立ってケガをするほうが得なこともあります。

企画提案はKYなくらいでちょうどいい。

コラム　愛しのボツ企画①

「ローカル路線バス乗り継ぎの旅、殺人事件」

僕はたくさん企画が通っているなどと豪語してきましたが、当然ながら通っていない企画のほうが圧倒的に多いです。自信作だったのに、誰にも認められず、PCの中で横たわっている企画を、この場を借りて供養したいと思います。良かったら、皆さんにも線香の一本でもあげてもらえたら幸いです。

まずは土曜スペシャルの大ヒット番組、太川陽介さんと蛭子能収さんの『ローカル路線バス乗り継ぎの旅』×「ミステリードラマ」という異色のコラボ企画です。

【あらすじ】

『ローカル路線バス乗り継ぎの旅　京都編』の撮影を終え、スタッフと別れる蛭子さんと太川さん。すると、そこへ美しい女性が「かくまってください！」

と駆け寄ってくるではありませんか。戸惑う蛭子さんと太川さん。彼女を追いかけてきたガラの悪そうな男に「女を見なかったか⁉」と問い詰められて、ふたりは思わずシラを切ってしまいます。

その後、女性に事情を確かめると、

「殺人事件の容疑の濡れ衣を着せられてしまい、逃げているんです。宮島まで行けば私の無実は証明できます！　どうか一緒に宮島まで行ってもらえないでしょうか？」

そう彼女は訴えます。しかし、主要の駅は警察が検問を張っているので、鉄道は使えません。京都～宮島の道のりを警察にバレずに移動するにはどうしたらよいのか⁉　そこで、蛭子さんと太川さんが思いついた答えは……。

「そうだ、ローカル路線バスを乗り継いで行こう！」

ローカル路線バスを乗り継ぎながら、たまに美味しいグルメを堪能しつつ、女性の無実を晴らすために、警察や悪者に見つからないように宮島を目指すハラハラドキドキのサスペンス旅が幕を開ける！――。

これは、割と面白いと言ってくれる人もいたんですが、いかがでしょうか？
もし、興味を持たれた人がいたらテレビ東京までご連絡ください。

第2章 テレ東的、無理やりアイディア量産! 7つの秘訣

——明日、100個アイディアを出せと言われたら

制約があればあるほど湧いてくるアイディア

天才は、神から啓示を受けるがごとく唯一無二のアイディアを思いつくのでしょうが、僕のような凡人にはかなり骨の折れる作業です。凡人は1000個アイディアを出して、その中の最良の1個を選ぶのが良いと思います。

僕がかかわっていたバラエティ番組、特に、夕方に毎日放送していた『ピラメキーノ』では、本当にたくさんのコーナー案などを考えなくてはならなかったので、アイディアを短期間で絞り出す方法を自分なりに考えました。

さて、その結論とは？

それは、**アイディアをたくさん出すためには、どうやったらアイディアが浮かぶかを考えること。そして、機械的にアイディアが浮かぶような思考回路を持つことが大事**だということ。

ドストエフスキーの小説『カラマーゾフの兄弟』の大審問官というシーンに、「自由ほど耐え難いものはない」という台詞があります。

なんでも自由に発想してくださいというのが理想ではありますが、実は一番大変です。逆に制約があればあるほどアイディアというのは湧いてくるし、制約がない場合でも、いい意味で自ら制約を設けて考えたほうがいろいろとアイディアが浮かんできます。

ここでいう「制約」とは、別に予算や障害などネガティブなものだけではありません。テーマを絞る、ターゲットを絞るだけでも考える制約になるのです。ポジティブな制約をどんどん設ければアイディアが量産できるわけです。

それでは、テレビ東京7チャンネルにちなみ、アイディアを思いつく秘訣を7つにして紹介しましょう。

秘訣① ひとりぼっち会議のススメ

僕はあまり企画会議をしません。テレ東の他のプロデューサーを見ていても割とひとりで企画を考えるタイプの人が多いような気がします。

なぜなら、「なんか面白いことありませんかー?」で始まる会議の時間がもったいないからです。それから、やるからには僕のアイディアが発端の企画をやりたいという志向があるので、あらかじめ企画の種を自分の中で考えます。極端に言うと、ひとりで考えてひとりで企画書にするのが僕の基本スタンスです。

ただ、すべてひとりでやると客観性に欠けるので、まず自分で企画を考え、信頼のおける人と話して面白さの検証を行い、最後に自分で企画書にまとめることが多いです。

自分が何をやりたいのか、少しの時間でも自分の頭の中で整理し、できればメモにまとめる「自分会議」をするかしないかで浮かぶアイディアの数は100倍違ってくると思います。もちろん、企画会議が悪いわけではありませんが、会議を開かなければ企画を考えないのでは、1週間に2時間しか企画のことを考えなくなります。

「ひとりぼっち企画会議」なら24時間365日開催できます。

24時間365日が企画会議

秘訣② 企画の種を見つける7つの方法

思い浮かんだことはすぐスマホにメモする、ということも習慣にしています。大事なのは普段からしておくこと。提出期限ぎりぎりになってから考えると、どうしてもそのジャンルに直接結び付くところからしかアイディアを見つけ出せなくなり、過去のヒット作の二番煎じや、他の人たちと似たような企画になってしまいます。

ここで、7つのストック方法をご紹介します。せっかくなので徹底的に「7」にこだわります。

1 街の変人を観察する（物、人、会話を観察する）

自分の周りで起きていることを観察することが一番大切です。特にテレビ番組の種探しは、人間観察から始めることが多いです。街で見かけた面白い人、街で耳にした面白い会話などは思わぬ企画の種になります。

どうしても仕事では同業者、もしくはある程度価値観やステータスの近い人と接することが多いので、理解に苦しむ人たちの宝庫である街は、逆に思わぬ企画の種の宝庫だと思います。**特に、自分とは縁遠い人を観察するようにしましょう。**

2 尊敬リストを作る（異業種のスゴイを集める）

自分が感銘を受けたものをまとめておくと、後で振り返ったりする時に役に立ちます。映画や漫画、食べ物、サービスなど、なんでもいいです。これは自分の生業としているジャンルよりも、他ジャンルのほうが多い気がします。

後述しますが、他ジャンルのヒットは企画の種の宝庫です。

3 嫉妬リストを作る（同業種のスゴイを集める）

自分が嫉妬したものをまとめておきます。これは自分の生業にしているジャンルに多くなります。「あ、その手があったか！　悔しい」、「それルール違反でしょ！」、「同じようなこと考えてたのに！」など、割と自分の志向するところで思わぬ方法を駆使してヒットしている番組を見ると嫉妬してしまいますが、そこにはヒントがあります。

余談ですが、ヒット番組が出た時に、「あの番組、俺が前に企画してたのと同じなんですよー」と自慢まじりに言う人がいます。僕もたまに言ってしまいますが、そんな時に自分への戒めも込めたおまじないがあります。

「お前が思いつくくらいの凡庸な企画を実現するなんてすごい」

「お前が思いつくくらいの凡庸な企画をヒットさせるなんてホントすごい」

企画を実現させてヒットさせるというのは本当に難しいものです。だから、自分がふんわり思いついたくらいで悔しがるのはおこがましいという自分への戒めです。

企画の種をストックする習慣を身につけるのがとにかく大切ですが、「企画提出の期限が迫っている!」、もしくは「効率的にアイディアをストックしたい!」という、夏休みの宿題を8月31日にやるタイプの人にオススメの方法をここからはご紹介します。

4 アイディアのソムリエを見つける

オススメのワインを教えてくれるソムリエのように、面白いエンタメや商品を教えてくれる〝アイディアのソムリエ〟を見つけると、すごく効率的です。身近な人でも構いませんが、最近はツイッターやブログなどで著名人の方が感銘を受けたものをどんどん紹介しているので、それを見るだけでもアイディアが拾えるから楽です。

やはり人が心からオススメしているものは面白いものが多いです。特に自分と好みの合うアイディアのソムリエを何人か見つけておくと便利です。

5　アイディアの百貨店を近所に見つける

時間がない人にオススメなのは、〝アイディアの百貨店〟を自分の身近に持つこと。僕の場合は短時間でヒット商品を見渡せる場所、例えばＴＳＵＴＡＹＡや東急ハンズ、スマホのアプリショップなどがネタの宝庫なのです。

困った時の百貨店は、効率的にインスピレーションが湧くので便利です。

6　畑違いのランキングを置き換える

異ジャンル（僕の場合はテレビ以外）のヒットにアンテナを張っておくこと。他ジャンルでヒットしているものを分析し、テレビに置き換えてみる――これが、説得力があって新しく見えるオリジナルを考えるコツです。

例えば、ここ数年はスマホのアプリが大流行し、アプリ開発に素晴らしいアイディアが集結しています。

「今日はアプリのアイディアからテレビ番組を考えるとしよう」と決めます。すると、人気アプリを1位から順に眺めていき、そのテレビ版を考えるだけだから、あっという間に100個くらい企画が浮かびます。

「あの○○が、テレビ番組になりました!」

これが、手っ取り早くアイディアが浮かぶ魔法の言葉です。僕は常につぶやいて鉱脈を探しています。皆さんもヒットアイディアを自分のジャンルに置き換えてみてください。

7 アイディアには「いいね!」を押しまくる

常にアイディアをメモしておくことが大切ですが、その時のポイントは「これ企画にならないなー」と自分で却下するのではなく「これ企画になるかも!」とポジティブなノリを保つことです。アイディアが豊富な人と、豊富でない人の差はそこにある気がします。

Ｆａｃｅｂｏｏｋでなんでもかんでも「いいね！」を押す人というのはちょっとウザいですよね？　でも、思いついたアイディアには「いいね！」を乱発したほうがいいです。

すみません、７つ目は心構えになってしまいました。

アイディアをストックして「いいね！」を押しまくる

秘訣③　無理やり、フォルダー分け発想術

小分けにすれば、アイディア１００個も楽々

僕はアイディアをたくさん出さなければいけない場面では、できるだけ機械的に考え

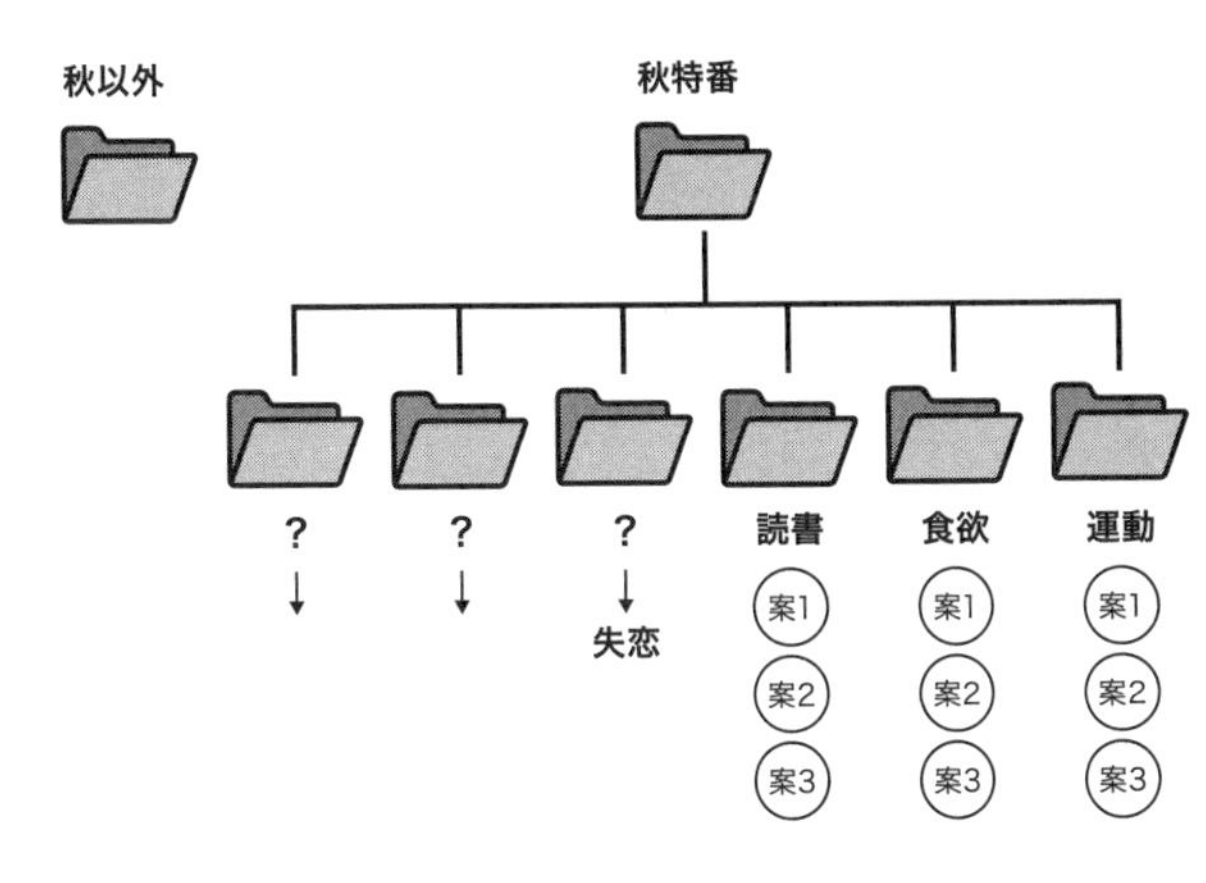

るようにしています。その思考法とはパソコンの「フォルダー」をイメージすることです。
例えば、秋の特番だったら、「運動」というテーマで脳内ブレスト、「食欲」というテーマでブレスト、「読書」というテーマでブレスト。では、これら以外に「〇〇」に当てはまるテーマはないかブレスト。そこで失恋というテーマが面白かったら、「失恋」というテーマでブレストと、どんどんフォルダー分けしていきます。
すると、「秋」という大きなフォルダーの中に、例えば10個の「テーマ」フォルダーが生まれ、その10個のフォルダーの中に、10個ずつのアイディアが入ります。

０からアイディアを１００個生み出すのは大変ですが、このようにフォルダーをどんどん小分けにしていくと簡単に浮かびます。

さらに「秋」以外の大テーマフォルダーを用意すれば、もう１００個のアイディアが浮かびます。

余談ですが、僕はこうした思考回路にかなり支配されています。例えば、「た」で始まる苗字が思い出せなかったとします。普通の人は「田岸だっけ？」、「田崎だっけ？」と記憶をたどると思いますが、僕は「た」に五十音を頭からぶつけていきます。「たあ」「たい」「たう」「たえ」……すると、「たな……あ、田辺だ！」と。これも無理やり思い出し方法です。

フォルダー分け発想術は会議でも有効

会議でもフォルダー分け思考方法をフル活用します。ブレストもそうですし、皆の意見がどのフォルダーに収納されるかを意識します。もしかしたら、ある1点の話し合いしかしておらず、他にも話し合うべきテーマに気づいていない可能性があるからです。

例えば、宣伝部、ＤＶＤコンテンツ部、商品開発部、ＷＥＢ開発部など複数の部署を集めての番組会議をする時は、テーマが偏ってないか、時間配分が偏ってないか、各部署がきちんと機能しているかなどを考えます。ともすると、番組内容の話に終始して終わってしまう危険もありますし。

会議で僕はホワイトボードの隣に座って、自ら議論を可視化するよう心掛けています。よくＡＤさんに板書をさせている人がいますが、ホワイトボードは会議の要点をまとめながら議事進行する最重要ツールです。リーダー自ら板書し、議事進行したほうが効率も上がるし、内容も精査できます。

雑談は「雑談フォルダー」に

たくさんのアイディアを吸い上げることは大切です。なので、会議で出たアイディアは極力面白がるようにするべきです。ネガティブさんには解決案や代替案を求めます。慎重な意見も大切ですが、会議を停滞させるリスクがありますから。

また、会議の話が脱線して面白そうになったら、「じゃ、せっかく脱線したんで、１

回ちょっと違うアイディア出しましょうか」タイムにします。脱線したまま、ずっと話が流れていくのではなく、あえてテーマ外のブレストをしていることを意識します。

テレビ関係者の本を読むと、「無駄話に鉱脈あり」とか、「芸人さんとの雑談で企画が生まれる」とか、そういうことがいっぱい書いてあるので、僕ももう少し雑談や脱線を許容しないといけないと思っています。

実は無駄話や脱線も〝企画の種をストックする〟大事なツールのひとつです。ただし、そこに頼ると人任せになってしまい、だんだんと自分で考える癖がなくなってしまいます。バランスですよね。

フォルダーを細かく分ければアイディアは無限に量産

秘訣④ 無理やり、掛け合わせ発想術

アイディアは遠距離恋愛に似ている⁉

ストックしたアイディアの種1点だけだと企画にならない時に、もう1点のアイディアをぶつけます。簡単に言うと、「アイディアの掛け合わせ」です。

点と点の距離が離れているほど、長い線ができます。

ちょっとスティーブ・ジョブズっぽく言ってみましたが、ここがポイントです。

僕は最近、サラリーマンが興味のある情報をドラマにするというテーマで企画しています。

●『ワーキングデッド』……問題社員×ゾンビ

ワーキングデッドとは、自分勝手で思考停止した問題社員を紹介する、いわゆるサラリーマン〝あるある〟の再現コントのような企画です。しかし、サラリーマンをゾンビに置き換えると企画がまったく新しいものに生まれ変わり、思考停止している企画意図をより明快にすることができました。

●『太鼓持ちの達人』……処世術×戦争ゲーム

『正しいブスのほめ方』（トキオ・ナレッジ著）という、面倒くさい相手を絶妙な褒めワードで褒めるビジネス書（原作）があります。そんな処世術本に戦争ゲームというアイディアをぶつけたら、より難敵を分析&攻略する意図が強くなりました。

両番組とも身近な情報に、あえて真逆のハードな要素をぶつけることで、そのギャップから企画が広がったと思っています。

100個のアイディアを考えるのは大変だと申し上げましたが、このようにアイディアAにアイディアBを掛け合わせていくと、あっという間にアイディアは100個浮かんでいきます。

ちなみに『俺のダンディズム』は『モノマガジン』×『週刊SPA!』です。

メンズファッションアイテムという商品紹介に、「若い女にモテたい」という『SPA!』の魂を掛け合わせたら、滝藤賢一扮する主人公が新入社員にモテたくてダンディになろうとするサラリーマンドラマができ上がったのです。

アイディアの掛け合わせには〝ギャップ〟が必要

秘訣⑤ アイディアAを固定してテーマに

テーマはパスタのようなもの⁉

掛け合わせで企画を考えるときは、点をひとつ固定しておくことをオススメします。あえて片方を縛ったほうがアイディアは浮かびやすいというのが、僕の経験則です。AもBもゼロから考えると、アイディアの選択肢が無限に広がってしまうので、逆に自信の持てる正解にたどりつかずに終わることが多くなりがちです。

「今日はアイディアAに何をぶつかけるか考えよう」と決めてから、本屋に行く、ネットサーフィンする、テレビ番組を見ると、思わぬいい企画が浮かぶことがあります。

固定したアイディアA、つまり企画のテーマを見つけると掛け合わせは効率的になります。

テーマとは〝パスタ〟のようなものです。パスタそのものは変わらなくても、ソースを変えることでたくさんのメニューが生まれます。逆にパスタを決めないと、ラーメンもカレーも寿司も出す、なんだかよくわからない店になってしまいます。

だからこそ「この要素を企画にしたい！」と思えるテーマを見つけることが大事です。

テーマ選びは、レストランを始める際になんの料理を出す店か決めるようなものです。

「何か面白いことありませんかねー？」などと話しかけてくる人がいますが、そういう人から面白いアイディアが出てくる可能性は低いと思われます。「ゴジラ使って面白いことやりたいですねー」とか、「猫をテーマに変わったドラマやりたいです」みたいに漠然とでもやりたいテーマがあれば、企画はいくらでも浮かびます。

その時に、前述のように「ゴジラだから特撮かー」とか「猫だったら犬を掛け合わせれば？」などと、近いところでアイディアBを見つけようとするのはお勧めしません。

料理番組がやりたい時に、料理番組や料理本を見ていてもあまり面白い企画は浮かばないと思っています。料理番組を目指しながら、SF映画ベスト100などを見ていると、すごい個性的な企画が浮かぶことがあります。

やりたいテーマがすぐに浮かばない人は、流行やニーズからテーマを設定してみるのも悪くないと思います。

例えば、今あらゆる分野で猫の商品が売れているというマーケティング結果があったとします。「じゃあ猫のドラマをやろうか」と考えた時点でテーマは決まりました。では、その「猫ドラマ」を斬新に見せるために、ぶつけるアイディアBは何かを考えます。

東名阪ネット6などで放映された『猫侍』というドラマがヒットしていますが、猫のかわいらしさに、強面の侍をぶつけるという素晴らしい掛け合わせです。

僕が今温めている企画は、200年後の地球を救うために、とてもかわいらしい1匹の猫を殺しに来た強面ロボットのドラマ『猫ターミネーター』。このように、テーマが決まると発想は広がります。

『ピラメキーノ』がコーナーを1000個も考えられるわけ

前述のように、僕は『ピラメキーノ』という夕方の子ども番組の総合演出を3年ほど担当していました。毎日放送される帯の30分番組なので、コーナーの数は尋常ではない多さでした。

たしかに『ピラメキーノ』には多種多様のコーナーがありましたが、決してブレて見えません。なぜか？　それは「子ども番組」という強烈なテーマがあったからです。

このように、広くはあっても強烈なコンセプトがあると番組は長く続くし、アイディアも出す方向性が決まってくるので楽です。ある意味で、金太郎飴のようなものです。真っ直ぐに伸びるコンセプトの軸があるので、どこで切っても「子ども番組」という切り口は変わらないのです。

テレビ東京の長寿番組だった『TVチャンピオン』も、「選手権」という競技パッケージをテーマ（アイディアA）にして、ケーキ職人、パン職人、漢字王、魚知識王など、さまざまなアイディアBをぶつけた、掛け合わせ発想番組の典型だったと思います。

僕の考える究極のコンセプトはキャラクタービジネスです。人気キャラクターはそれだけで企画になります。「キューピー×○○」、「ふなっしー×○○」。○○に何が来たって、キャラクターという強いコンセプトがあるのでオリジナリティにあふれ、1000個くらい簡単に企画は浮かぶと思います。

テーマを決めれば、アイディアを量産できる

秘訣⑥ 自分の「好き」を知ると、テーマが見つかる

実は自分のやりたいテーマを見つけること自体、けっこう難しいと思います。そんな時に自分の「好き」を把握しておくと、自分の企画の背骨がわかり、膨らましやすいです。ここで、自分の「好き」を見つける方法というかイメージをふたつ紹介します。

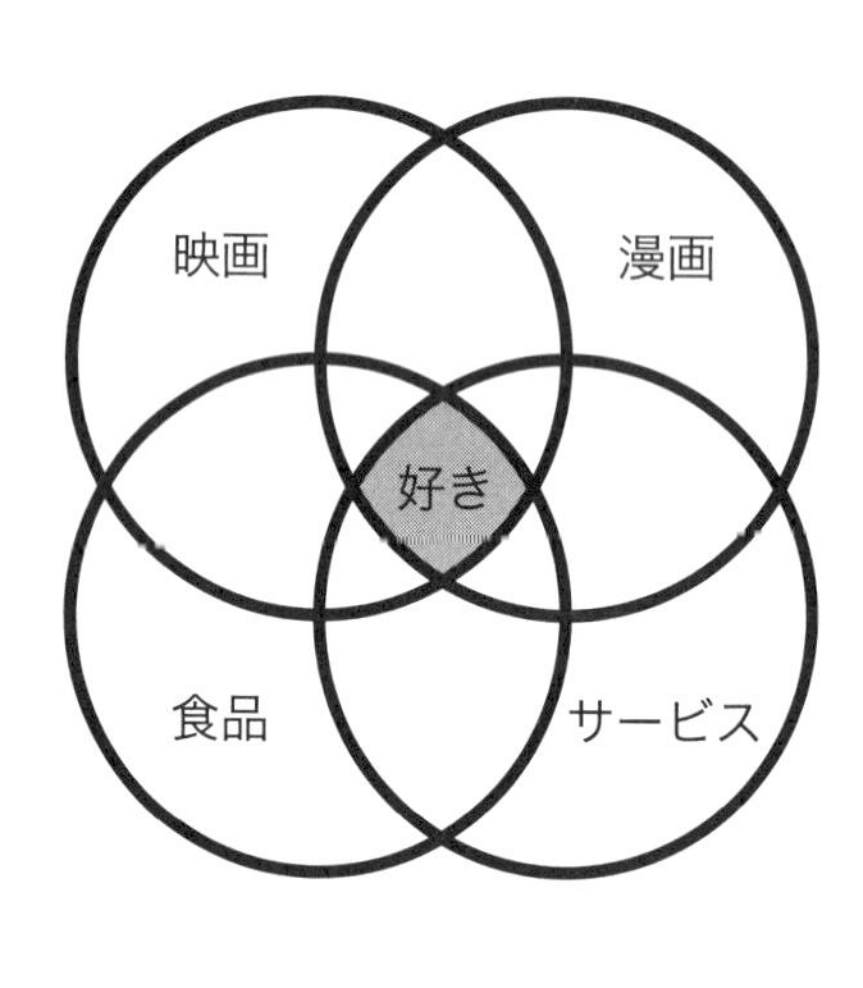

その① 共通点から「好き」の背骨が見えてくる

自分でストックした企画の種を並べてみてください。好きな映画や漫画、ゲーム、食べ物、なんでもいいです。自分の好みの傾向がわかるはずです。

そこから自分の企画にしたいテーマの背骨が見えてくることがあります。自分なりのコンセプトが見つかると企画は自分らしさを帯びてくるので説得力が増します。

複数の円を並べて、重なる部分を見つけるイメージです。

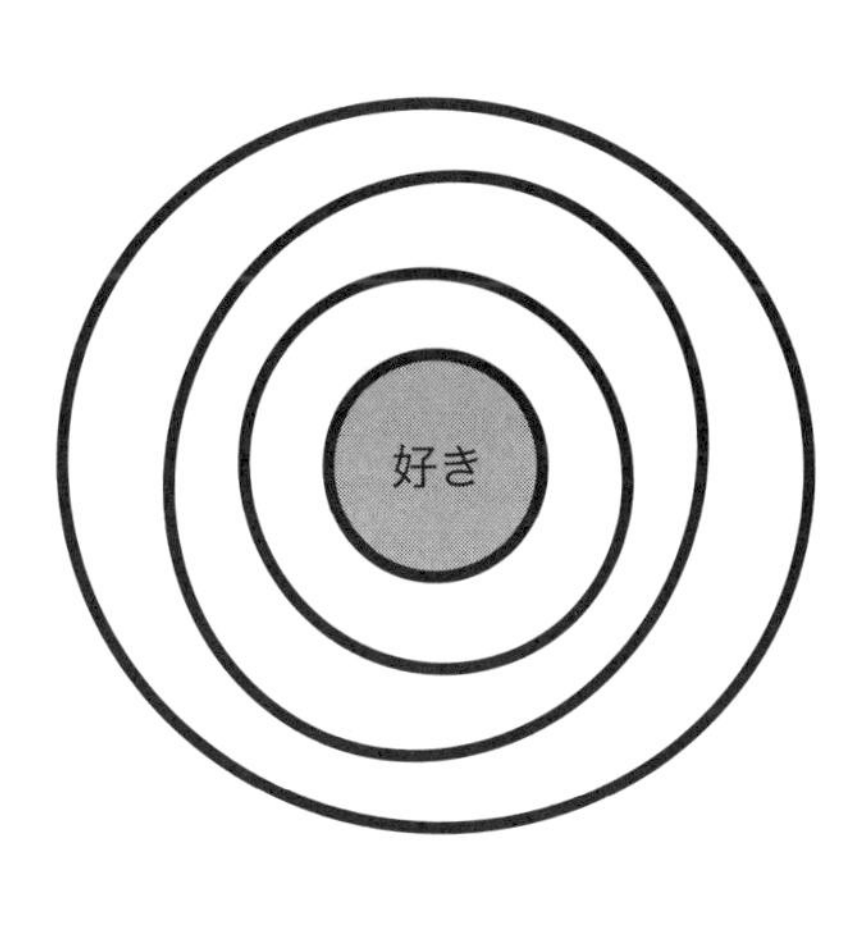

その②「なぜ？」を繰り返すと「好き」が見えてくる

「なぜ？」を自問自答すると自分のやりたいことが見えてきます。

「なぜ、これを面白いと思ったのか？」

「なぜ、これが好きなのか？」

それも1回ではなく、何回も問い続けると、表層的なものから核心へと近づきます。

意外と、その核心は普遍的なものだったりします。

重なった複数の円の真ん中に近づいていくイメージです。

「重なり」と「なぜ？」で好きを見つけよう

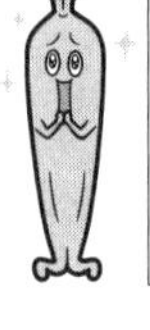

秘訣⑦　テーマを他人に決めてもらうのもＯＫ

信頼できるキャッチャーを見つける

「自分のやりたいことなんてないよ」という人に役立つ秘訣をお教えしましょう。それなら、いっそ他人に決めてもらうのです！

テレビ局の制作部署の社員なら、編成局の人とお茶を飲むと「こんなジャンルがあったらいいよねー」とか、ＤＶＤを制作するセクションの人と会議の終わりに雑談すると「最近、他局でこんなジャンルがヒットしてるからウチも欲しいんだよね」などと言っていたりします。

企画を募集する側が、漠然としてでも欲しい要素を持っているなら、それを知ることができたらしめたものです。それをテーマにして、アイディアの種をバンバンぶつけてみればいいのですから。

監督さんの中にも、与えられたテーマをどう料理するかが得意という方も少なくありません。ゼロから自由に発想するより、求められたところに投げるほうが好きというクリエイターというのは、思ったよりも多い気がします。

ただ、テーマを決めてもらう人選は重要です。的を射たことを言う人、決定権がある人でなければ意味がありません。

せっかく「アイディア」という球を投げるなら、正しい方向に投げたいものです。だから、正しい場所に構えてくれる、良いキャッチャーを見つけることも企画を作る上では大切です。

構えられたミットにストレートを投げるかカーブを投げるか、そこはアイディアの見せどころだと思います。

キャッチャーを味方につける

フリーの監督さんに企画を通す極意を教えられたことがあります。

ある時、その監督に企画を相談したいと呼ばれて打ち合わせをしたのですが、「濱谷さんはどんな企画やりたいですか？」と聞かれて拍子抜けしました。僕はその監督がやりたい企画をプレゼンされると思っていたからです。

そこで、僕が漠然とやりたいことなどを話して盛り上がり、ひと通りブレストし終えたら「じゃあ、次までに企画書にしてきますね」と言われました。ここまでは、まあ普通ですが、その後、「他にもこんなのもあるんですけど」と、自分が温めている企画書も見せてくれました。

実は、最初からその人は自分のやりたい企画があったわけです。それにもかかわらず、なぜ僕のやりたいことを聞くのか？

それは、僕がやりたいことに沿って企画したほうが、僕がキャッチャーとして機能するからです。単純にでき上がった企画をもらうより、自分が一緒に考えた企画のほうが、キャッチャーにも愛着が生まれます。その心理をうまく摑んでいると思いました。だから、僕は企画を出す前にキャッチャー側が欲している企画、特にキャッチャー個人が今求めていることを聞いて、それを考慮した企画書を提出することがあります。そうすると、その人が僕の代わりに熱意を持って上にプレゼンしてくれるからです。

ミットを構えてもらえたら、すぐ投げる

先ほど申し上げた『好好!キョンシーガール』の企画立案は、企画を選ぶ側の上司との飲みの席がきっかけでした。

「濱谷さあ、他でもやりそうなこととか、パンチが弱そうな企画を頑張ってやるよりも、思い切りトンがっているほうが、今のテレビ東京では目立っていいと思うんだよね」

トンがった企画を考えるほうが好きな僕からするとすごく嬉しい発言でした。

「だったら僕、『キョンシー』っていう中国の妖怪が大好きなんですけど、キョンシーもののドラマ、どうですかね? 今、『怪物くん』とか『妖怪人間べム』とか、懐かしい妖怪がどんどんリバイバルしていますけど、キョンシーだけはリバイバルしてないん

です。香港か台湾に版権があるかもしれないけど、調べればクリアできると思います」

僕はなぜかキョンシーを思いついて、まくし立てるように話を続けました。

「アイドルのアクションものは、『マジすか学園』でものすごいＤＶＤが売れたんで、アイドルがキョンシーと闘うドラマを今やったら、30～40代の男性は懐かしんで見てくれそうだし、いいんじゃないですかね」

そんな話をしたら、その上長も「それはトンがっているね」と乗ってくれました。

飲み会が終わったのは深夜1時過ぎだったのですが、「あ、これは脈があるな」と感じたので、そのまま会社に戻って、翌朝9時までに第1話のプロットを書き終えました。

「昨日一緒に盛り上がった話を形にしてみました」と、もうオーダーされたぐらいの勢いでそれをメールで送っておきました。すると、「面白いな、進めてみようか」という返信が来ました。

その飲み会がなかったら、自分も〝キョンシーとアイドルが闘う〟というのは、さすがにトンがり過ぎているので、企画書としては出せなかったと思います。

また、ここでひとつ言いたいのは、企画は思いついたらすぐに形にしたほうがいいということ。

うまく言えないのですが、アイディアというのは生ものだと思います。熟成させるよりも、勢いやノリ、その時の熱量というものが伝わるのだと思います。

アイディアは熱いうちにうて!

コラム　愛しのボツ企画②

「復活ロマンポルノ～壇蜜と12人の童貞～」

実現したかったけど、通せなかったボツ企画をこの本の中で供養するコーナー、その②です。

表題の『復活ロマンポルノ～壇蜜と12人の童貞～』は、日活ロマンポルノを下敷きにし、壇蜜さんが主人公であることをルールにした一話完結オムニバスドラマです。

エロスの象徴として大ブレイクした〝平成のマリリン・モンロー〟壇蜜さん。そんなセクシーな女性を主人公に、気鋭の12人のクリエイターが描く、まったく下品ではないエロス。12人の童貞が毎回、壇蜜さんに恋をするオムニバス。とってもピュアでちょっとエロティックな、ラブストーリー。

「　？　」×「ロマンポルノ」

「?」に入るテーマは、監督が設定。これにより、作家（監督）がどんな部分に「ロマンポルノ」を感じるのかがわかります。
例えば、日活ロマンポルノでポピュラーな題材といえば……
①団地妻 ②四畳半 ③女教師 ④大奥 ⑤修道院 ⑥兄嫁
何にロマンポルノを感じるかは、作り手の個性が際立つところ。一見、ロマンポルノと結びつかないもの、例えば「色鉛筆×ロマンポルノ」、「イオンモール×ロマンポルノ」など、その振れ幅が大きかったり、ギャップがあればあるほど、見る側も展開を期待してしまうことでしょう。クリエイターならではの視点が「?」に表れます!

面白くできる自信はあったし、面白がってくれる人もたくさんいたのですが、通りませんでしたね。まあ、題材がロマンポルノだからでしょうか。
どなたか、この本を読んで「うちで実現してもいいよ」という奇特な人がいらっしゃったら、どうぞテレビ東京までご連絡ください。

第3章　企画に「差」をつける7つの「さ」

——テレ東的、一点突破する企画書作り

企画〝書〟の精度をグンと上げる7つの「さ」

僕がテレ東バラエティで意識するようになった企画書に必要な7つの「さ」があります。これを意識するだけで、企画の精度はグンと上がることでしょう。もっと突き詰めて言うと、企画〝書〟の精度が抜群に上がります。

面白い企画書を書くことは面白い企画を考えることと同義です。

企画書が鮮やかに書けることは、その企画自体をブラッシュアップし、企画の見どころを突き詰めることにつながります。

先に7つの「さ」を申し上げると……

1　わかりやす「さ」
2　新し「さ」
3　かわいらし「さ」
4　ふさわし「さ」

5 思いがけな「さ」
6 今っぽ「さ」
7 自分らし「さ」

です。

業種によって要素の比重は異なりますが、しかし、これはあらゆる提案の場面で必要になってくる要素だと思います。

今、考えている企画にこの7つの「さ」が入っているか検証してみてください。

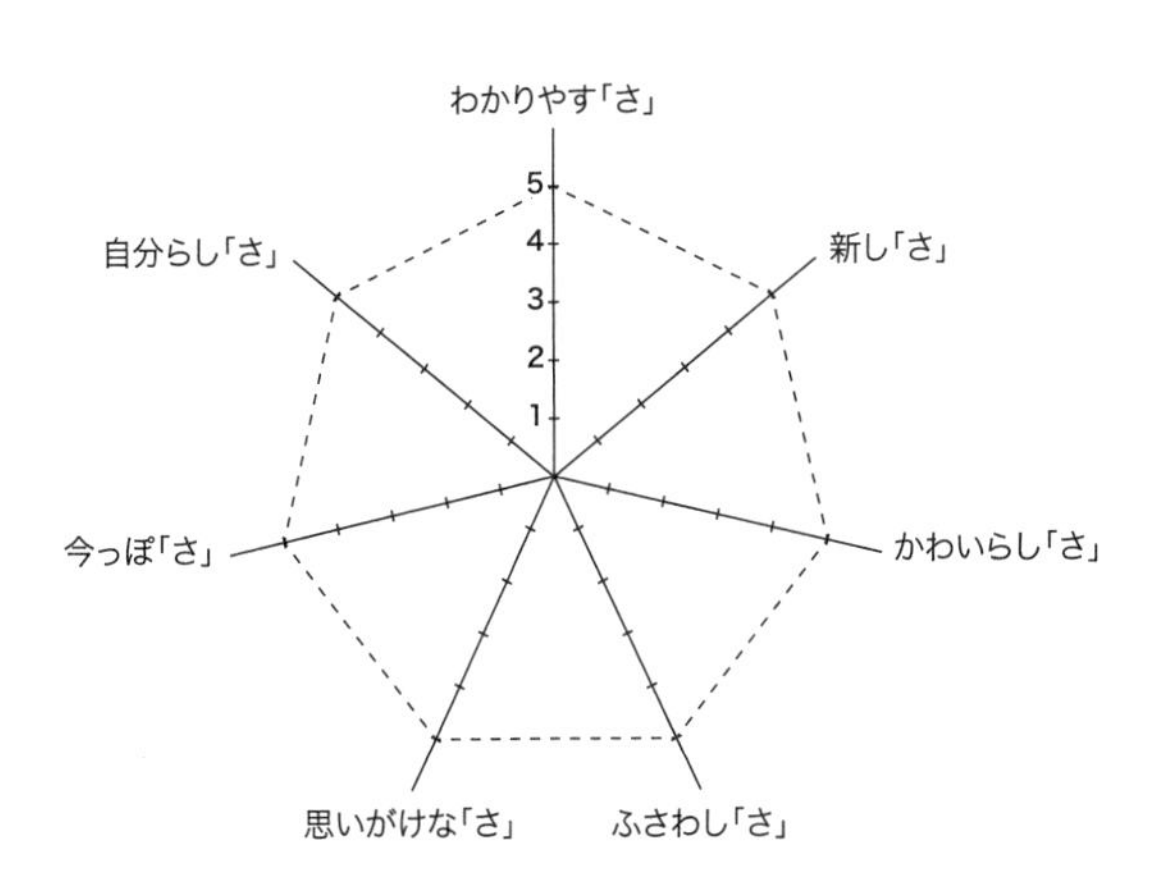

1　わかりやすい「さ」……わかりやすい企画書を作る秘訣

企画書は最初の3枚までが勝負

序章で、テレ東のヒット番組は「〇〇しているだけの番組」と申し上げましたが、シンプル・イズ・ベストであることは、企画はもちろん、企画書においても間違いありません。

企画書は3枚までが勝負だと思っています。3枚読んでも良さが伝わらない、あるいは続きが読みたいと思えない企画書は、100枚詳細を書いても決して面白いものではありません。

企画書を読んで通す、通さないを判断しなくてはならないセクションの人のことも想像してみてください。彼らは途方もない数の企画書を、恐ろしい勢いで読んでいって、番組として成立するかどうかを判断していかなくてはなりません。

それを踏まえると、企画書の頭の数ページで興味を引かないのであれば、最後まで読んでもらえる可能性は限りなく低くなります（いや、これはあくまで一般論です。テレ東の編成マンは企画書を一所懸命読んでくれています）。

テレビ番組は「タイトルが命」

番組タイトルが作品の世界観を定義することは言うまでもありません。タイトルがアイディアの一歩目であり、種であり、コンセプトです。よくネタバレという言い方をする人がいますが、一歩目がわかりづらいことはテレビにおいては不利になります。

タイトルは文字情報として一番世の中の目に触れる機会が多いものです。だから、タイトルから中身の想像がつくくらいのものがいいと思っています。こんなに多くのエンタメの選択肢がある中で「見てのお楽しみ！」というのは、いささか上から目線過ぎます。自分の手の内をほとんど明かして、それでも見たいと思わせる企画が良い企画です。

僕は、企画書の1枚目はタイトルとキャッチしか書かないので、まずはタイトルで1回クスッと笑わせようと常に考えています。

人に企画を説明する時の僕の理想は、企画書を出した瞬間、相手に「何これ？　表紙から、もう面白そうじゃん！」と言わせることです。企画が通る時は、たいていがこのパターンです。

だから、企画書を出した瞬間、相手のリアクションがなかったら、2枚目以降を説明するのが実はおっくうになっている自分がいます。

Yahoo!トピックの13文字キャッチ

ドラマでは、「良いシナリオは3行のコピーで良さが伝わる」という言葉がありますが、企画の売りはひとことで言えたほうが良いです。僕が企画書を書く時は、できるだけキャッチコピーを目立つように忍ばせます。

キャッチコピーのポイントは、「Yahoo!ニュースの13文字に収まるくらい」です。Yahoo!ニュースのトピックスは本当に扇情的で、クリックさせる執念のようなものを感じるので参考にしています。

「企画書をリリースしたら、世の中にこんなふうに刺さる!」というイメージをしながら作るわけです。

実際、Yahoo!ニュースに載った際のイメージ図を、企画書の中に盛り込むこと

トピックス | 経済 | エンタメ | スポーツ | その他

1時35分更新

- ブラタモリ復活　全国ロケへ NEW!
- 旧セーラームーン　NHKで放送
- ブラピ元妻　アンジー作品絶賛 NEW!
- 尻すぼみ？ 映画の2部作戦略
- 月9好調　カギは脚本家？
- テレ東人気路線バス旅ドラマ化！ NEW!
- シュワちゃん映画に本格復帰
- 「水どう」鈴井　連ドラ初監督

昨日の話題（3件）一覧

テレビ東京ローカル路線バス旅が１月にサスペンスドラマ化！ 蛭子と太川が殺人事件を解決

すらあります。

ちなみに1章の終わりに紹介した『ローカル路線バス乗り継ぎの旅、殺人事件』の企画書には上記のような図を添付しました。まあ、僕はヒットを確信したのに、まったく会社が振り向かなかった企画の筆頭ですが（笑）。

テレビは洗い物しながらでもわかるのが理想

僕はもともとビリー・ワイルダーやウディ・アレンが好きで、張り巡らされた伏線を巧妙に回収する凝った作りの映画が好みです。しかし、テレビではもう少しシンプルなものを目指します。

それはなぜか？　その理由は、テレビは映画と違って、途中入場の客が見込めることと、途中退出の客が大勢いるからです。

序盤は伏線でじっくり攻めて、最後まで見ると衝撃の感動が！　――だと、最後まで見てもらえないし、途中から見た人が理解できないのでテレビ向きではありません。

テレビは、台所で洗い物をしながらでも見られる〝ながら視聴〟が良いとよくいわれます。どこから見ても何をやっているかわかるという、シンプルでわかりやすいものが求められているからです。

序章でも触れましたが、テレビ東京においては「○○しているだけ」といったワンコンセプトのわかりやすい番組がヒットの秘訣です。どこから見ても楽しめるし、何も考えなくても面白い――そんなワンコンセプトの番組が長く続けられるなんて理想的だと思っています。

これはテレビだけではなくあらゆるジャンルに共通していると僕は思います。お店に並んでいると思わず手に取りたくなる商品。チラシに書いてあると、思わず買いたくなる商品。そんな「わかりやすさ」が競合から一歩先んじる上で大切なのだと思います。

企画書は3枚までが勝負。タイトルとキャッチにこだわる

2 新し「さ」……企画に新しさを吹き込む秘訣

目立つ企画の最もお手軽な武器

「新しさ」というのはテレビにとってすごく大切です。これがないと話題になりづらいので、企画を考える上で他にはない新しい要素を入れたいと常に思っています。

言うまでもありませんが、新しいものを考えるのは本当に大変です。しかし、裏を返すと、斬新であるだけでその企画は通りやすく、話題になりやすい上に面白いと思ってもらえます。本当は新しさがなくても、斬新だと〝思わせる〟工夫はとても大切です。

本来なら斬新な企画が思いつく思考法を伝授したいところですが、これはルーティン

で浮かぶものではないので、企画書に〝新しさを吹き込む〟方法をご紹介しましょう。

その① ルールを作って、ルールを破る

まず、そのジャンルにおける従来のルールが何かを自分なりに規定してみます。定石がわかれば、その企画が逸脱しているポイントも説明できますし、「〇〇らしくない」というだけで新しさを帯びます。

逆に「〇〇らしい」とはなんなのか、ありがちなオーソドックスを規定してみましょう。従来の常識を自分なりに分析、明記することが、新しさの第一歩です。

池上彰さんが司会の『選挙報道特番』も、「投票所の出口調査とその開票状況を伝える」という常識を破ったから目立ったのだと思います。

テレビ番組以外のヒットを見ても、例えば「雪見だいふく」は、アイスクリームは夏に食べる商品だという常識を打ち破り、冬に売れるアイスクリームを作ろうというコンセプトで開発されたといいます。消せるボールペン「フリクション」は、消えないことが売りのボールペンの定義を打ち破り大ヒット。定型を破ることが新しさの秘訣です。

ＡＫＢ48は「会いに行けるアイドル」という斬新さでブレイクしました。ただ、もともとアイドルはサイン会もやるし握手会もあるので、ＡＫＢ48だけが特別ということはなかったのですが、「旧来のアイドルは簡単に会えない高嶺の花」と定義して、ＡＫＢ48の新しさをきちんと打ち出していった結果、イメージが浸透したのだと思います。

その② 「史上初！」と言い切ってみる

前項でも触れましたが、僕は企画書上の売りとなる〝キャッチ〟が非常に重要だと考えています。キャッチ自体が選ぶ側に「おっ！」と思わせる効果がありますし、逆に自分でキャッチを書くと、キャッチに見合うように企画のコンセプトも研ぎ澄まされていくからです。鶏が先か、卵が先かのような話ですが。

僕が企画した『俺のダンディズム』のキャッチは、「史上初！男のファッションアイテムドラマ」です。実は、史上初なのかどうかはハッキリわかりませんし、こんなカテゴライズに意味があるのかどうかもわかりません。

でも、そう言い切ってみることで、何か斬新な企画に聞こえないでしょうか。少なくとも、「今、各所で人気のグルメドラマ」というキャッチよりは斬新です。

よくオリコンチャートの1位記録などで「女性アイドルグループで平均年齢10代としては史上初となる」とか、プロ野球で「得点圏にランナーを背負った状態での左打ちのルーキーとしては史上初となる」とか、〝史上初〟という形容詞をつけるために勝手に条件を設定するパターンがありますが、まさにそれに近いものです。

「いくら考えてもそんなキャッチを付ける要素がない」と感じるなら、その企画には新しい点がないのだと思います。

その③　あえて、矛盾をはらませる

キャッチを斬新に見せるコツは〝矛盾をはらんでいること〟ではないでしょうか。『俺のダンディズム』のキャッチが斬新に聞こえる理由は、「ファッションアイテム」と「ドラマ」が矛盾しているからです。ファッションアイテム紹介は情報番組でやるべきで、ドラマにはそぐわない部類です。このように、テーマとジャンルが矛盾していれば、その時点で斬新になるのです。

だから、なるべくジャンルを細かく絞って、真逆のアイディアをぶつければ、いや応なしに斬新になります。

「世界の秘境で大発見！」は魅力的ですが、斬新ではありません。

「都内の秘境で大発見！」は、都内に秘境なんてないと思われているので斬新です。

ただし、このギミックにおぼれると、奇をてらっただけの企画になる恐れがありますので、考え方のひとつとして意識してもらえればと思います。

「ドラマ24」が斬新なのは、テレビドラマらしくないから

「テレビ東京の深夜ドラマが面白い」とよく言っていただきます。毎週金曜日深夜の連続ドラマ枠である『ドラマ24』は、ドラマらしくないことが視聴者の心を摑んだと思います。つまり、思い切って制作を外部の有名な監督にお任せすることで生まれた違和感と独創性が視聴者にも伝わったのではないでしょうか。

例えば、『モテキ』は大根仁監督でその後、実際に映画化されましたし、『勇者ヨシヒコと魔王の城／悪霊の鍵』は、『33分探偵』以降、ヒットを連発している福田雄一監督、『み

んな！エスパーだよ！』は世界の園子温監督、『怪奇恋愛作戦』は演劇界の巨匠ケラリーノ・サンドロヴィッチ監督です。

金曜深夜のドラマ枠を、普通の連続ドラマは絶対撮らないであろう人たちにお任せして、彼らの振り切った世界観で作ってもらえば、そこに強烈なファンがつくというロジックです。

しかも、出演依頼の際に園子温監督が撮る、大根仁監督が撮ると言うと、出演者も「巨匠と仕事ができる」、「次は映画につながる」と思うわけです。だから、すごい俳優に出てもらえるということにドラマ24は気づきました。

有名な監督と有名な原作で有名な俳優を引っ張ることができた時に、ブランドが確立するというのをドラマ24が実証したと思います。

『孤独のグルメ』や『俺のダンディズム』の新しさって⁉

ドラマ24の「有名監督×有名俳優」の新機軸に対して、テレビ東京の深夜ドラマがもうひとつ作った路線が、バラエティスタッフが作る「情報×ドラマ」です。

松重豊さんが初主演を果たして大ヒットした『孤独のグルメ』は、普段はバラエティ番組を作っているスタッフが作っています。僕が手掛けた滝藤賢一さん初主演の『俺のダンディズム』、手塚とおるさん初主演の『太鼓持ちの達人』などもバラエティのスタッフを多く起用しています。

この「情報×ドラマ枠」（と僕は勝手に呼んでいます）は、ドラマ24よりもずっと低予算で、ドラマ以外の番組も編成される本当にフリーな枠です。

この枠は、ドラマという型のハッキリしたジャンルにグルメやファッション、ビジネスハウツーなどをぶつける矛盾が新しさを作り出しています。

実は僕がドラマ企画を多数通せるようになったのは、このポイントをフル活用しているからです。

グルメバラエティは普通ですが、グルメドラマは斬新。

ファッションバラエティは普通ですが、ファッションドラマは斬新。

ビジネスハウツーバラエティは普通ですが、ビジネスハウツードラマは斬新。

ドラマという定型がハッキリとしたジャンルは新しい企画を生み出す宝庫です。

このようにジャンルに制約があればあるほど斬新な発想は簡単に生まれます。これまでも触れていますが、なんの制約もない自由なジャンルで〝斬新〟と呼ばれるものを作り出すのは逆に大変です。ＹｏｕＴｕｂｅで斬新な映像を考えるのは大変ですが、市役所のＰＲビデオで斬新な映像は簡単に発想できます。

あなたの仕事が、定型のハッキリしたジャンルなら、逆にチャンスです。

> ルールを破るために、ルールを定義しよう

3　かわいらし「さ」……応援したくなるような等身大の番組作り

カープ女子に刺さる企画

企画というものは、完全にでき上がった〝上から目線〟よりも、どこか応援したくな

る感じがあったほうが良いと思っています。テレビ東京にはひときわ必要な要素です。「低予算なのにアイディアがいい！」というのも、思わず応援したくなる等身大の番組作りの賜物で、判官贔屓のような感覚でテレビ東京を応援してもらっているのではないでしょうか。そう、読売ジャイアンツではなくて、市民球団の広島東洋カープを応援する「カープ女子」の感覚というか。

テレビ東京は攻めている番組が多いと言われますが、それは独自路線やチャレンジ精神が強いという意味だと思います。テイストはむしろ温かくて、悪意のない番組が多いです。その原因のひとつとして、ワイドショー番組がないという文化も影響しています。

報道においては『ワールドビジネスサテライト（ＷＢＳ）』や『Ｎｅｗｓモーニングサテライト』など、テレビ東京が日本経済新聞系列ということもあって、経済番組が多いのが特徴となっています。

だから、殺人事件の被害者を追うこともなければ、芸能人の熱愛を追うこともありません。出版社に置き換えると、写真週刊誌や女性週刊誌がないということです。

最近、他局のバラエティ番組では嫌いな芸能人を発表したり、苦しくなった懐事情を追及したりとか、ワイドショー的なキツめのバラエティが視聴率を取る傾向があるような気はします。でも、テレ東はドギツイ作りのものよりも、安心して見られるようなカラーの番組、最後には何かいい話が待っているという素人ドキュメンタリーなどのほうが多いと思います。

昔はテレ東の深夜にはお色気番組が多かった時期もあったので、一概には言えないかもしれませんが、局のカラーとしては、最近はお年寄りを含めて、家族全員で安心して見ることのできるテレビ局になったといえます。

テレビ東京はテレビ業界の〝ゆるキャラ〟⁉

僕の先輩で『モヤモヤさまぁ～ず2』を手掛ける伊藤隆行Pは、自分の企画に「かわいらしさ」を吹き込む天才だと思います。

彼の考える企画は、どこか逸脱していたり、不足していたり、タイトルもどこか間が抜けているというか……。でも、それをテレビ東京のブランドにまで高めたのはすごい戦略だったと思います。〝戦略〟なんてかわいげのない言葉を使うと怒られてしまいそうですが。

内村光良さんが司会の『そうだ旅に行こう。』のパイロット特番は、伊藤Pがプロデューサーで僕が演出をしたのですが、番組タイトルは当初『内村旅行社』でした。僕はスタジオセットもタイトルから連想される旅行代理店にして、司会の内村さんにはツアーコンダクターみたいな衣装を着てもらおうとプランニングしていました。

しかし、スタジオ収録が近づいた夜に、伊藤Pが、

「タイトルは『そうだ旅に行こう。』にして、スタジオはNHKのドキュメンタリーみたいに何もないシンプルなものにしよう」

と言い出したのです。番組のトーンとしては大きな方向転換でした。僕にしてみれば「けっこう準備を進めちゃってたのに……」とこぼしたくもなりましたが（笑）。

でも、当初の予定通りの『内村旅行社』だと、他局でもありそうな張り切ったバラエティになっていたと思いますが、この方向転換によって、どこか脱力したユーモラスな番組になったことは間違いありません。

伊藤Pは、テレビ東京というクラスで一番勉強のできない子どもを、何か人気の〝ゆ

るキャラ〟に仕立て上げたような気がしてなりません。

「テレビ東京だから人目に見てください」的手法の集大成が、伊藤Pが手掛けた開局50周年特番『50年のモヤモヤ映像大放出！この手の番組初めてやりますSP』だったと思います。MCのさまぁ～ずさんにも収録当日に司会をお願いし、テレビ東京の苦労や失敗の歴史をたどりながら、『テレビ東京っぽさ』を探り当てていきました。あんなに手作り感を押し出すのは、他の局にはできない――というか、やらない手法です。

テレビ東京の番組名が『○○していいですか？』、『○○しませんか？』などの質問の会話のようなタイトルが多くなったのも、伊藤ブランドの影響だと思っています。

他局でも同様のタイトルを見かけると、「あれ、うちの局かな？」と思ってしまうほどです。

そういえば、テレビ東京の公式キャラクターの『ナナナ』も非常に間が抜けていて人気になっています。

「バカだよねー」は褒め言葉

僕が深夜ドラマで企画を立てる時は、どこか〝ゆるさ〟や〝突っ込みどころ〟といったユーモアを残すようにしています。それがテレビ東京の深夜に求められているという感覚もありますし、多くの深夜番組で話題になるものは「バカだよねー」と笑いながら応援してくれるものです。

僕は、ドラマの出演者選びなども応援したくなる人選を意識しています。中年俳優がドラマ初主演をするのも、今まで脇役として頑張ってきたおじさんが主演に挑戦する姿をみんなが応援したくなるような番組のカラーが出ていると思います。

突き詰めると「テレビ東京らしさ」とは「かわいらしさ」だと考えています。昨年、大ヒットした連続ドラマ『三匹のおっさん』も、いろいろ勝因はあったと思いますが、リタイアしたおっさん3人がご町内の悪を倒す、あのかわいらしいサイズ感と、タイトルからも感じられるユーモラスな感じがテレビ東京に求められる「かわいらしさ」にハマったのだと思います。

仮に予算環境が改善されたからといって、喜々として他局に負けない豪華特番をやっても、きっとうまくいかない気がします。『TXN歌謡祭』とか見たくないですよね？
やはり、テレビ東京らしく等身大で汗をかいたものが愛されるはずです。
低予算の時こそ、この「かわいらしさ」を最大限利用することが大事だと思います。

制約があるなら背伸びせず、愛される企画を考える

4 ふさわし「さ」……マーケティングは大切!? まったく違うふたつの重要性

深夜とゴールデンの視聴率が一緒!?

テレビ番組でも他の商品でも、作って売るからには、客が何を求めているかを知っておくのは非常に大事です。いわゆるマーケティングです。
僕が、マーケティングが大事だと思う理由はふたつあります。

ひとつ目は、「魚のいないところで、魚は釣れない」から。

自分のやりたいことや新しさにばかり気を取られると、本来の客層が求めていないものができ上がってしまいます。これは自分への戒めも含んでいます。

僕は20代の頃に初めて『熱狂的ファンツアー』という企画を実現し、放送することができました。第1章に書いてある通り、共通の趣味を持つ有名人が立場の垣根を越えて集い、好きなアーティストのゆかりの地やライブに行って盛り上がるという内容です。

最初の『熱狂的ファンツアー』は深夜で3・4％の視聴率を獲得し、内容も評判が良かったため第2弾を放送できることになりました。初企画としては上出来だったのですが、編成が第2弾に用意してくれた放送枠は、なんと夜7時台のゴールデンでの2時間スペシャル。期待の高さがうかがえるではありませんか！

キャストも豪華にして自信満々に臨んだゴールデン。視聴率は……これまた3・5％。この年のテレビ東京ゴールデンタイムワースト記録となりました。つまり、深夜にはいた「魚」が、ゴールデンタイムにはいなかったということなのです。

僕はオリジナリティの高い企画を考えるのが得意ですが、このマッチングの感覚が少し（とっても？）弱いです。実を言うと、他にも何回か年間ワーストを獲得しています。放送枠や客層をしっかりイメージして、欲せられているものを考えるのは非常に大切だと、常に自分に言い聞かせています。

先ほど申し上げた「テレビ東京らしさ」というのも局のカラーであり、テレビ東京のゴールデンには「こういうジャンルが求められている」というのはあると思います。例えば旅番組だったり、素人を追うドキュメンタリーだったりがそうです。他局で当たっているからといって、似たような番組をやっても惨敗することは多々あります。

マーケティング〝悪用〟のススメ

いろいろなマーケティング報告を聞いて、いつも思うのは「だから何？」というもどかしさです。解析データを見せてもらえば傾向はわかるのですが、そこからダイレクトに結論を導き出すのは難しいものです。

しかし、企画書を書く際にマーケティングを踏まえていると、説得力が１００倍増します。単に面白いと思った企画を「面白いでしょ！」とプレゼンしても、企画を選ぶ側は簡単には首を縦に振らないことでしょう。面白いかどうかなんて人それぞれだから、誰も自信を持って選ぶことなどできないからです。

そんな時に、マーケティングに裏付けされた前付けを書くと、途端にウケが良くなります。だから僕はマーケティングが、いや、マーケティング風な前付けが大好きです。

つまり、マーケティングをいい意味で〝悪用〟してしまうのです。

そうすることで、なんの後ろ盾もない自分のやりたい企画が、さもデータに裏付けされた時代のニーズに応えた企画書の様相を呈します。

つまり、マーケティングが大切な理由のふたつ目としては、**「マーケティングを踏まえていると、企画書に説得力が生まれる」**ということです。

最近でいえば、『孤独のグルメ』がヒットしましたが、そのヒットの理由をどう分析するかは人それぞれです。99%の人が「グルメをテーマにしたドラマが当たる」と分析しました。

おかげでテレビ東京には3ケタのグルメドラマ企画が殺到しましたし、他局でもグルメドラマが増えました。しかし、僕はグルメドラマ企画の長蛇の列に並ばずに、このヒットを違う形で利用できないかと考えました。

そこで『孤独のグルメ』がヒットした理由を「『ワールドビジネスサテライト（ＷＢＳ）』終わりにサラリーマンが気軽に見られる情報性の高いドラマ」と分析したのです。

『俺のダンディズム』は『ＷＢＳ』終わりに、経済的にも余裕の出てきた中高年のサラリーマンが身だしなみを勉強できるドラマ。

『太鼓持ちの達人』は『ＷＢＳ』終わりに、コミュニケーションスキルに関心のあるビジネスマンが、処世術を笑って学べるドラマ。

『ワーキングデッド』は『ＷＢＳ』終わりに、周りにいるモンスター社員をゾンビになぞらえて笑い飛ばす社会風刺フェイクドキュメント。

このように『ＷＢＳ』終わりに中高年のサラリーマンが見たいものを放送すれば当たるという勝手なマーケティングを立てただけで、ビックリするくらい企画が通りました。

だから、マーケティング分析をしておくことに越したことがないと思います。もちろん、そこからヒントが得られ、ヒット企画を思いつく可能性もあります。自分の企画の売りや、あるいは逆に不足しているものが明確になるからです。

ヒットを分析する「自分メガネ」を掛ける

ただ、自分が本当にやりたいことって、独りよがりだったり、ちょっとマスに向いていないものだったりすることも多いと思います。僕も若い頃は、「なぜ、みんなこの面白さがわからないんだ？」とよく思ったりもしていました（あ、今もですけど）。

そんな時はお客さんが何を求めているか想像します。いろいろな人の声に耳を傾けるのはもちろんですが、視聴者がテレビの前に座っている様子をイメージします。

僕が『ＷＢＳ』の終わりのサラリーマン向けと言いつつ、意識したのは日経新聞の読者ではなく、『週刊ＳＰＡ！』の読者です。

『週刊ＳＰＡ！』と『ａｎ・ａｎ』と『東京スポーツ』が大好きだという層、いわゆる〝大衆〟の本能に訴えるものや、ビール片手にくつろいで見られる内容を意識しました。

難しい本は読まない、新聞も読まない、映画にお金を払うのはもったいない――難しいことが嫌いな人、というよりはテレビに小難しいことを求めていない人、この層を取り込まなければ視聴率にはつながらないと考えたのです。

そう、今の僕の企画は**「ＳＰＡ！フィルター」**を通しています。

いろいろなものに対して、『ＳＰＡ！』ならどんな特集にするだろうかと考えます。

そうすると、すごく本能に訴える面白い企画になったりします。

ヒットを分析するマーケティングには、自分ならではのフィルターを通す「自分メガネ」を掛けることをお勧めします。


マーケティングを悪用して、やりたい企画を通す

5　思いがけな「さ」……最後の1割が予想外

〝嬉しい裏切り〟が感動を呼ぶ！


まず、見出しの〝思いがけな「さ」〟という表現の無理やり感をお詫び申し上げます。

さて、思いがけな「さ」とは「意外性」や「嬉しい裏切り」のことです。

企画はシンプルでわかりやすいものが良いと思っていますが、想像した以上のものが何もないのでは満足してもらえません。9割期待通りだけど、最後の1割が予想外！そのようなものを目指しています。

特に僕の作る番組は、起承転結の構成が毎回一緒。言ってみれば4コマ漫画のようなもので、定型のパターンがはっきりしているのです。

それにはふたつ理由があり、ひとつはわかりやすさから視聴習慣につながるだろうという狙い。もうひとつはワンパターン化することでのコスト削減です。ロケ場所、キャスト、人員と、あらゆる面でワンパターン化は準備をスリムにします。

しかし、わかりやすいだけで終わらない、嬉しい裏切りのある作品として僕がお手本としているのは『自虐の詩』（業田良家・著）という4コマ漫画です。2007年には堤幸彦監督で実写映画化され話題になりました。

物語は、主人公である妻が夫から理不尽な目に遭う4コマの話を延々繰り返しているユーモラスな内容なのですが、最後に4コマという枠を取り払ってストーリーが展開し、主人公と母親との愛憎や人間愛まで描き、大きな感動に至ります。あの時の強烈な感動とカタルシスには「やられた!!」と声を上げてしまったほどです。小気味良い4コマ漫画だと高をくくって読んでいたからこそ、その嬉しい裏切りに感動してしまいました。

あらゆるエンタメにおいて、どこかで「やられた!」と感じる思いがけなさというのはすごく大事だと思います。

「ラッキーエロ」に学ぶ意外性とは

以前、『モヤモヤさまぁ~ず2』をはじめとする深夜番組の合同特番を演出した時、さまぁ~ずの三村マサカズさんが番組中に話していたコメントですごく印象に残っている言葉があります。

「今の時代、AVやエロ動画がこんなにあふれていて、テレビに過激なエロなんて求めてない。でも、テレビでちょっと色気のあるシーンが映るとつい見てしまう。それは『ラッキーエロ』だから」

これにはすごく目からウロコで、「なるほど!」と感心しました。

そういう感覚は「エロ」だけではないと思います。最近、「美人過ぎる○○」というのもよく見かけます。これも思いがけなさの賜物だと思います。芸能人やモデルだったら、まったく美人にカテゴライズされない女性でも、アスリートや政治家など、美人が少ないであろう業種においては、少し美人なだけで「美人過ぎる」と称されます。

最近、「天使過ぎるアイドル」というキャッチコピーを見て、もう本末転倒だなと思いました。なぜなら、アイドルというのはそこを競うジャンルだからです。むしろ、この「○○過ぎるブーム」へのアンチテーゼなのかもしれませんね。

と、話は脱線しましたが、テレ東の行き当たりばったりのバラエティを見ていると、実は思いがけなさや意外性は「感動」にも当てはまることに気がつきました。

テレ東のバラエティが起こす「ラッキー感動」

テレビ東京のバラエティ番組は、行き当たりばったりに素人を取材する半ドキュメンタリーが多いと思います。『YOUは何しに日本へ?』、『家について行ってイイですか?』、『田舎に泊まろう!』などなど。ゆる〜い取材から入り、コミカルなやりとりが続きます。

しかし、こうした番組に共通するのは、オチとして〝ラッキー感動〟が待っているということ。最初は空港で浮かれる変わった外国人、駅で酔っぱらっているサラリーマンなど、〝どこにでもいる人たち感〟を前面に出してハードルを下げています。

しかし、彼らについて行った先には、その人の考え方や生き様が垣間見えて、ふいに感動させられる〝ラッキー感動〟があるわけです。

他局の場合、同じガチでも結論が見えてしまいがちです。どういうことかというと、例えば「こんなところでオーロラが見えるのか⁉」という大規模なロケがあった場合、そこには事前リサーチがしっかりなされているはずで、「ま、見えるんだろうな、そりゃあ」と、頭のどこかで思ってしまいます。そこにあるのは〝期待される感動〟であっても、意外な〝ラッキー感動〟ではありません。

最近、駅のホームで通勤中のサラリーマンに「今日、会社休んで逆向きの列車に乗りませんか？」とお願いする『逆向き列車』というテレ東の無謀なバラエティが話題になりました。ほとんどの人は会社を休みません。僕が見たこの手の番組の中で最も断られていると思います。100人話しかけてもひとりも会社を休みません。当たり前です。

だからひとりでも会社を休んで、逆向き列車に乗ると、もうその時点で感動してしまいます。こんな感動のハードルの低い番組は他にないと思います（褒めてます）。**感動とはふいにやってくるからいいのです。**

> 9割は期待通り、1割に嬉しい裏切りを！

6 今っぽ「さ」……時代のニーズで理論武装

「今やる意義」は魔法の言葉

「シナリオは時代と添い寝する」とどこかで聞いたことがあります。すごい言い得て妙な格言だと思いました。企画には〝今、それをやる意義〟というものが求められます。

それは流行だったり、時事性だったり、もしくは旬なキャスティングだったりします。

ただ、さきほどのマーケティングだけで企画を立てられないのと同様に、今っぽさだけで流行を追っても、オリジナリティのある企画には至らないことが多いものです。

流行を研究し、あくまで自分の中で咀嚼して企画に変換できるかどうかが重要です。

そして、先ほどのマーケティングと同様の手口で、僕は「今っぽさ」を利用することをお勧めします。例えば、自分にずっと前からやりたい企画があった場合、「今やる意義」を付加するべきです。

なぜなら、**「今やる意義」は企画の優先順位を上げる魔法の言葉**だからです。

僕が以前、『好好！キョンシーガール』という連続ドラマを企画実現した時のことです。1980年代に流行した中国の妖怪キョンシーをアイドルの川島海荷さんが本人役で退治するといった、自分で言うのもなんですが、かなりぶっ飛んだ企画です。

もともと僕は小学生の頃にキョンシーが大好きで、保護者参観でオリジナルの「キョンシー劇」を披露して保護者をキョトンとさせたことがあるほどです。個人的な思い入れはさておき「なぜ今キョンシー？」と誰もが思うはずです。どうしてこんなぶっ飛んだ企画が通ったのか？　この企画が誕生した経緯については第2章に詳しく書いていますが、企画が通った理由は「今っぽさ」で理論武装したからです。

「『怪物くん』や『妖怪人間べム』など懐かしい妖怪は今リバイバルブームである。しかも１９８０年代ものは他局の深夜番組でも30～40代の視聴者層にドンピシャで、視聴率が高い。さらに、『マジすが学園』の大ヒットからもわかるように、アイドルのアクションドラマは今のテレ東深夜に非常に親和性があり、ＤＶＤのヒットも見込める。だから『キョンシー×アイドル』のアクションドラマは、今やる意義がある」

そう熱弁しました。

この理論が正しいかどうかは実は僕にも自信はありませんが、この〝今っぽさ〟の演出が、企画実現に有利に働いたことは間違いありません。

今やる意義を、強調すべき！

7　自分らし「さ」…自分ブランドを作る

最後にモノを言うのは「自分らしさ」

7つの「さ」のラストは若干精神論に聞こえてしまうかもしれませんが、「自分らしさ」です。

僕が観る映画を選ぶ際に気になるのは監督です。観たい監督は作品にその人らしさが表れています。商業的にヒットしているかどうかでなく、単館上映やインディーズ時代にほとばしるオリジナリティを自分の作品で発揮している監督に期待しています。

テレビ東京でも企画をたくさん通すプロデューサーの共通点は、それぞれ自分たちのカラーを確立しているところだと思います。

例えば、佐久間Pは『ゴッドタン』、『ウレロ☆未確認少女』シリーズなどの芸人バラエティ。伊藤Pは『モヤモヤさまぁ～ず2』や『そうだ旅に行こう。』など、大物MC×テレビ東京らしい肩肘張らないバラエティ。五箇公貴Pは『リバースエッジ　大川端探偵社』や『怪奇恋愛作戦』などのサブカル色の強いドラマ。

作り手の個性がなく、ただ流行を追ったような企画はどこか面白みに欠け、信用が置けない印象もあります。また、自分のやりたいことの方向性が決まると企画は生まれやすいものです。

企画を選ぶ側も自分たちの判断に自信があるわけではないと思います。そんな中で最後に物を言うのは、企画者の熱量ではないでしょうか。企画書からあふれ出る圧倒的な自信と熱量は、企画が成立した後も企画者の強烈なイニシアチブによって良い番組になるケースが多いです。

その熱量を企画書に込めておくことが大切だと思います。そこには受け売りの客観的な分析だけでなく、企画者本人のフィルターを通した分析や、熱いメッセージが込められているべきです。

この業界では10年越しに企画を通したとか、10回リライトしたらGOサインが出たなどというケースもあります。企画自体が100%NGなんてことは、ほとんどありません。上記の7つの「さ」を込め直して、粘り強くプレゼンすれば、かつてはねられた企画だって通る可能性があります。

偉そうに言っていますが、押しの弱い自分へのエールも込めています。ちなみに、僕が37歳過ぎてもオリジナル企画にこだわる理由は、自分の好きな映画監督が皆、オリジナルで自分印の作品を発表してから商業映画に戦場を移している影響を受けています。

最後に物を言うのは熱量

コラム　愛しのボツ企画③

「ツインピッグス　～この街ではデブばかり殺される～」

実現したいけど、通せなかったボツ企画をこの本の中で供養するコーナーその③です。

ぽっちゃり系女子の「ぷに子」ブームを受けて、太った女性がたくさん出る新しいドラマを作ろうと思いました。太った女性の持つ陽の笑いに、真逆の陰の要素をぶつけたら……。デヴィット・リンチの傑作『ツインピークス』のように、大マジメなスリラーサスペンスなのに笑える、その名も『ツインピッグス』。

【あらすじ】

荒涼とした田舎町、ツインピッグス。

ある日、街の誰もが愛するマドンナ「篠崎愛」が殺された。時を同じくして、娼婦の「渡辺直美」が暴行されるという事件が発生。事態を重く見た警視庁はエリート捜査官の「オダギリジョー」を派遣。誰が「篠崎愛」を殺したのか？その縦軸に迫りながら「オダギリ」はデブばかりが殺されるデブだらけのこの街に巣食う闇のようなものに気づく。

性や麻薬、虐待といった日常生活と隣り合わせの暗部から、社会問題、環境破壊、宗教、過食、ダイエット、リバウンド、糖尿病……などなど、この街のもうひとつの顔が見えてくる。ぷに子ならではの悩みや葛藤、笑いを交えつつも、ベースは『ツインピークス』の異質なサスペンス感を大切にしていく――。

これは、面白いと言ってくれる人と、言ってくれない人とに分かれました。どなたか、この本を読んでうちで実現してもいいよという奇特な人がいらっしゃったらテレビ東京までご連絡ください。

第4章 「ない」から生まれるナイスな閃き

――金「ない」、人い「ない」、時間「ない」

「3ない」運動のススメ

テレビ東京の魂ともいえる低予算の中でより良い番組を作るという精神から、企画作りのヒントをたくさん得ました。お金「ない」、人い「ない」、時間「ない」。そんな三重苦にあえぐ人のために低予算のプロジェクトで意識すべき『3ない運動』をご紹介します。

その① 頼ら「ない」

タレントありきの企画や、放送枠をなんらかの事情で先に与えられた場合、企画を走らせながら鉱脈を探せるという、楽なスタートを切れます。

しかし、テレビ東京にそういうスタイルは向きません。アイディアで勝っていない企画をお金や豪華さでカバーできないからです。だからビッグネームに頼ることはありません。

それから「インプット型」のバラエティも不向きだと思っています。グルメ情報、衝撃映像、海外の秘境など、珍しい情報をリサーチ収集し、それをスタジオで紹介する番組が現在のテレビの主流になっています。インプット型は企画の保険は効いていますが、人件費や資料映像費、海外ロケ費など多額のお金が必要なので、低予算番組に向いていていません。しかも、どうしてもどこかで見たことのある番組になりがちです。
大量の情報リサーチや高額な資料映像など、世の中に既にあるアイディアに頼らないと成立しない企画は、企画自体のオリジナリティで負けているのだと思います。

その② ブレ「ない」

ワンコンセプトで無駄を省き、できるだけシンプルにモノづくりをし、でも面白い――それが低予算のコツだと思います。

大事なのは企画の種の時点でゴールを見据えること。

企画が明確で方向性が決まっていれば、ゴールまでの道のりは見えます。ゴールが見えていると最短距離を走れるので、無駄が省け、準備もスムーズです。ゴールが見えていないと、その都度、クオリティを上げるために大騒ぎです。

テレビ業界にはネガティブな意味で「毎回が特番みたいな感じ」という言葉がありま す。これは、企画の軸が定まっていないので、毎回毎回、どうやったら視聴率が取れる かをギリギリまで会議し、大変なリサーチと巨額の準備費を割いて、流行などを取り入 れながら勝負していくスタイルです。

他局ですが、『めちゃ×2イケてるッ!』や『ロンドンハーツ』などの総合バラエテ ィで面白いものは本当に面白いです。超高視聴率番組には、そういう土壇場までこだわ った苦労と、注ぎ込んだ予算の成果が現れているのかもしれません。

それ自体は素晴らしいと思うのですが、テレビ東京ではできないことであり、あまり にも予算と人件費がかさむので、僕はスタート時で勝負するようにしています。

その③ 考え「ない」

考え「ない」というと、ちょっと語弊がありますが、仕事全般で常に意識しているの は、いかにルーティン化して無駄を省くかです。8割の仕事をルーティン化できれば、 新しいアイディアを考える時間が捻出できます。

ルーティンというとネガティブな響きもありますが、作業を効率化させ、コストパフォーマンスもクオリティも上げる素晴らしい武器です。

つまり、**〝無駄なことを考えない〟ことで〝必要なことをじっくり考える〟**わけです。

僕が考える低予算ドラマの必勝法も、番組を一定の型にパターン化することです。サザエさんと一緒で、毎回定型の起承転結が存在して、第1回のフォーマットを決めたら、第2回以降はそれを踏襲します。無駄が省け、準備のスピードが上がり、まとめ撮りもできます。

『俺のダンディズム』は毎回同じシーンが入ってきます。例えば、ラストに橋の上で滝藤賢一さんが購入したアイテムを眺めて悦に入るシーン。喫茶店でナポリタンを食べながら考えごとをするシーン、ジローラモのダンディズム講座。これらは6話分まとめて撮影しています。こうすることで、ワンシーンの場所移動を減らし、予算を削減しているのです。

パターン化すると視聴者が飽きるのでよくないと指摘されます。でも、深夜番組において、毎回何が見られるかがわかっていることはむしろ大事で、8割予想がついている くらいのほうが視聴習慣はつきやすいと思っています。低予算で作るために、否応なく パターン化を余儀なくされた面もありますが、結果的に良い面もあると思います。

海外に行か「ない」!『YOUは何しに日本へ?』

テレビ東京において「ない」を逆手にとったナイス番組をいくつか挙げてみようと思います。

トップバッターが『YOUは何しに日本へ?』。最近のテレビ番組は海外モノのバラエティがすごく多くなりました。全部で20番組くらいあるのではないでしょうか?

しかも、外国人が日本や日本人を褒めている姿が見たいというのが、ここ数年のトレンドになり、テレ東も早い段階でそこを掘り始めました。

ただし、『YOUは何しに日本へ?』が他番組とまったく違うのは、海外に行かないところです。

スタッフやタレントが海外に行って「日本人のいいところを教えてください」というようなロケは、他局でも死ぬほどやっていますが、『YOUは……』は成田空港で「なんで日本に来たんですか?」と聞いているわけです。つまり、海外への渡航費用も一切要らない逆転の発想から生まれています。

タレントとクルーを連れて海外に1ヶ月行く予算と、成田空港でスタッフが外国人を捕まえてインタビューする予算では、もう天と地くらいの差があります。でも、それが面白いと思ってもらえるなんて、本当にアイディア次第だなとあらためて思いました。これも逆転の発想の一点突破です。

この空港インタビューものというのは『YOUは何しに日本へ?』以前から他番組のコーナーとしては散見していたんですが、これ一点に絞って番組にしたことにシビレました。しかも、深夜で1クールやって良かったから、じゃあ次はゴールデンという軽い(?)ノリで。誰もが「それだけのコンセプトで続けられるの?」と不安に思っていましたが、やはり出てくる外国人の面白さ、そのままついていくガチ感とハプニング性、そしてラッキー感動が待っていました。

入り口は空港で話しかけるだけですが、見事にワンコンセプトで人気番組に君臨しています。本当にテレビ東京らしい番組だと思います。

ただし、スタッフの気の遠くなるような取材量が物をいっている面もあります。空港で話しかけて取材に応じない人もいるだろうし、面白い理由で来ている人なんて一握りだろうし、同行させてもらっても最終的にはお蔵入り……そんな血のにじむような苦労の上に成り立っているのだろうと思い、テレビの前で正座して見ています。

ゲストがい「ない」！『モヤモヤさまぁ〜ず2』

『モヤモヤさまぁ〜ず2』も、さまぁ〜ずさんと狩野恵里アナウンサーが街を歩くだけの番組です。深夜放送時は僕と同期入社の大江麻理子が担当していました。ゲストを呼ばないという潔さが驚きでした。

ゴールデンタイムに昇格する時に、僕も含めてみんな、さすがにゲストを数人迎えるスタイルになるだろうと思っていました。しかし、フタを開けたら深夜とまったく変わらない3人だけ。見せたいのは、さまぁ～ずさんが商店街を歩いて、素人をイジッているところだから、ゲストは要らないという明確なスタンスの表れでした。仕掛けがないことが面白いという、まさに制約を逆手に取った企画です。

そぎ落としにそぎ落として、ナレーションですら機械の音声ですから（笑）。100万円当たりの視聴率でいったら、全テレビ番組中1位なのではないでしょうか。

この番組のおかげで大江の柔らかい一面が開花し、皆さんに愛される人気者になった気がします。深夜番組としてのスタート時は、さまぁ～ずさん以外にゲストの予算が割けないから、仕方なくアナウンサーを……という制約からキャスティングされたのだと思いますけど。

これもテレビ東京らしい、制約を逆転した好例であり、あの『TVチャンピオン』の素人スターイズムに通じるところがあると思います。

普段は普通のパン屋さんや花屋さんとか、折り紙を折るのが得意な人とか、あるいはただ漢字に詳しい小学生とか、それぐらいのことと言っては失礼ですが、自分の周りにいるような人がテレビという枠組みの中の〝甲子園〟に参加することで、ヒーローになるような仕掛けがありました。

『TVチャンピオン』では素人のスターが次々と生まれ、タレントは出演しないけど企画の質で勝負するという「テレビ東京らしさ」の源流となったのだと思います。

余談ですが、テレ東で活躍するディレクターの大半は『TVチャンピオン』出身です。僕のような非『TVチャンピオン』ディレクターは、半人前扱いを受ける傾向があります。そんな学歴コンプレックスに似た気持ちにさせるほど、『TVチャンピオン』はテレ東らしさを体現している番組なのです。

BGMが「ない」！『家、ついて行ってイイですか?』

『家、ついて行ってイイですか?』のプロデューサーの高橋弘樹と同じ番組をやった時のことです。会議の席で「この番組って音楽要りますかね?」と聞かれて、ハッとしました。

僕は、番組中にBGMが流れることが当たり前だと思っていて、「要らない」という選択がテレビにあることを忘れていたのです。自分が見せたいものの中に音楽という要素が必要なかったら無理にかける必要がないわけです。

これは一点突破の番組作りを象徴するような話で、『家、ついて行ってイイですか？』は無駄なものを極力そぎ落として、ロケには有名人はひとりも出てきませんし、ゲストもいません。音楽もＳＥ（音響効果）もほとんどつかないし、スタジオセットも道で声をかけた素人さんの自宅です。見せたいものが明確だから、シンプルだし無駄がありません。結果として予算を抑えてロケに集中できます。

無駄な肉をどんどんそぎ落としていくことで、企画の〝核〟の部分が伝わりやすくなります。するとコンセプトむき出しのアイディア一点突破の企画になるんだなと、あらためて気づかされました。

皆さんが「面白いよね」と言ってくれているテレ東のバラエティ番組は、コンセプトむき出しの番組が多いです。僕もずっとバラエティにいたので、無駄なものを〝削いでいく〟という手法が僕のドラマ作りの原点になっていることは間違いありません。それは最近、僕が手掛けた番組の裏側にも通じます。

ドラマにでき「ない」！『ワーキングデッド〜働くゾンビたち〜』

『映画秘宝』にもコラムを書いている作家のアサダアッシさんから、「ゾンビドラマをテレビ東京でできませんか？」と僕に企画の提案がありました。たっぷり2時間はあるであろう脚本は面白かったのですが、ゾンビものの壮大な2時間ドラマなんて、テレビ東京では予算もないし、地上波のテーマとしては難しいと感じました。

ただ、その脚本の中に『就職活動に没頭するあまり、思考停止してしまった就職活動生を〝ワーキングデッド〟として登場させる』シーンがありました。それは非常に面白い考え方だし、今の社会現象をゾンビで風刺しているのが良いと思いました。

そこで、2時間のゾンビものは諦めてもらい、問題サラリーマンをゾンビに見立てて、彼らをニュース番組で取り上げていく1話完結のフェイクドキュメント番組にしませんかと提案しました。アサダさんがそのアイディアを前向きに捉えてくださったことから、『ワーキングデッド』は誕生しました。

「他人の手柄を『あれ俺』『あれ俺』と横取りアピールする『アレオレデッド』、コンプライアンスのことばかり気にして本末転倒になってしまった『過剰コンプライアンスデッド』など、職場にいそうな面倒くさい社員ゾンビがたくさん登場する、独特なゾンビ番組が生まれる背景には、普通のゾンビドラマを作ることができない事情があったのです。

ちなみに、『ワーキングデッド』の特徴的な演出は、サラリーマンゾンビを実在するかのようにドキュメントタッチで撮影した点です。隠し撮り風のドキュメンタリーっぽくすることで、カット割りも要らないし、照明も作り込まなくてOK。面白いことに、それによって本物感、ドキュメンタリー感が強くなりました。しかし、あれも王道のドラマは撮れない予算上の都合から生まれた発想なのです。

スタッフの人数も普通のドラマは監督がいて、助監督が2〜4人いて、制作部の人が2〜3人いて、撮影、照明、録音、衣裳、メイクが2人ずついて……と20人近いスタッフになるのですが、『ワーキングデッド』は全部合わせて6人（!）でした。

とんでもないことに、衣裳、メイク、助監督、制作部、合わせてキャリア1年の女子AD1人（笑）。ゾンビのメイクもADがして、「ここに服置いておくんで、着替えてください」と役者に言いながら、小道具も用意して、弁当配って……みたいな。まあ、ひどい。

撮影場所も外に借りる予算がないので、休日のテレビ東京のフロアに忍び込んでは撮っていました。ゾンビをオフィスシーンで撮影するほうが他にはない企画になるという狙いもありましたが、そうしないと予算にハマらないという切実な問題もあったのです。

主演経験が「ない」！　名脇役の抜擢

『俺のダンディズム』では滝藤賢一さんが初主演を務め、『太鼓持ちの達人』では手塚とおるさんが初主演。『孤独のグルメ』の松重豊さん以来、テレビ東京深夜は他局では名脇役と呼ばれる俳優さんを主役に抜擢する風潮があります。

ドラマ畑の人は主役の格にものすごくこだわりますし、他の番組のキャスティング会議で、僕が「この人を主役にしたい！」と言ったら、他局で主役を張ってないからダメと言われたこともあります。僕はバラエティ出身なので、そのこだわりが薄いみたいです。

むしろ、まだ主役をやったことはないけど面白いという人を思い切って起用するほうがテレビ東京らしいし、世の中がザワつくだろうと思っています。

でも、ここにもテレビ東京らしい考え方があります。

●いつも主役を張っている人はギャラが高い！
僕の手掛ける低予算番組だと、主役のギャラで制作費がほぼなくなってしまいます。

●内容で企画が決まるので主役の人選を任せてもらえる
『俺のダンディズム』も『太鼓持ちの達人』もキャスティングをする前に企画自体にGOサインが出ていました。珍しいことですが、自由にキャスティングできたのです。

結果的に、名脇役の主演で番組も面白くなるし、中高年の初主演を視聴者が応援してくれる風潮も吉に出ているのではないでしょうか。

時間が「ない」！　滝藤賢一ワンカットショー

『俺のダンディズム』には、毎回、滝藤賢一さんが商品を愛でながらのたうち回る演技を3分間ほぼワンカットで見せる印象的なシーンがありました。狙い通り、そこが番組の中でも評判になりましたが、実は他局の深夜ドラマの3分の1以下の予算で作らなければならないがゆえの苦肉の策でもあったわけです。

いろいろ要素をそぎ落とさないと作れないという制約の中で、このドラマの売りは何かを問い続けました。

ひとつは「メンズファッションアイテムの紹介」ですが、もうひとつは「滝藤さんの過剰な演技」だという結論に至りました。そこで、この滝藤賢一さんの濃い演技をたっぷり堪能してもらうことを番組の売りにしようと決めたのです。

予算の都合上、1日に台本を30ページ分近く撮影しなくてはいけないという過密スケジュール事情が生んだ『俺のダンディズム』の象徴的な出来事です。

スタジオセットが「ない」！　水着ギャルセット

制作局に僕の同期入社で水谷豊という、あの有名な俳優さんと同姓同名のプロデューサーがいます。彼は『ありえへん∞世界』、『世界ナゼそこに？日本人～知られざる波瀾万丈伝～』、『ヨソで言わんとい亭～ココだけの話が聞ける㊙料亭～』などたくさんの番組の演出を手掛け、人間の本能に訴えかける番組作りの天才です。そんな彼の才能を目の当たりにした出来事がありました。

深夜のバラエティ番組はスタジオセットにあまりお金がかけられません。だから、チープに見えないよう素材やデザインを工夫したり、もしくは外に出てお店でロケをしたりするものです。

しかし水谷は違いました。彼はなんとセットを立てずに、出演者の後ろに何人もの水着ギャルを配した人間スタジオセットにしたのです。

番組の内容に水着ギャルは関係ありません。関係ないのに、セットの代わりに水着の女の人だらけにしたわけです。こいつ、天才だなと思いました。

テレビというのは、舞台とは違って、スタジオ全体の引きの映像はたまにしか映らず、出演者ワンショットのタイトな映像が多いんです。だから、広い絵で見たら素敵なセットでも、ワンショットの背景として見ると弱いセットはテレビに不向きです。

水谷が考えたスタジオセットは、タイトな映像だと水着ギャルの胸やおしり（笑）。で、引きの映像だとスカスカ（笑）。天才は考えることが違うなってつくづく思いました。

深夜に酒でも飲みながら疲れたサラリーマンが、「テレビってなんぞや」などと考えず、「あ、水着だ、ちょっとしたご褒美だな」と思うところを見据えていたのだと思います。

お金をかけ「ない」！　0円宣伝計画

宣伝こそ、アイディアで予算をカバーできる最大の要素だと思います。

「予算の少ない冒険活劇」というキャッチコピーも秀逸な、ドラマ24の超人気ドラマ『勇者ヨシヒコ』シリーズのポスター宣伝で「やられた！」と思いました。

ポスターを貼ったのは1駅1枚、計4駅で4枚のみ。「見つけたら、ここのQRコードを撮ってね」と、その数の少なさを逆手にとって、宝探しみたいなゲーム感覚を番宣ポスターに盛り込んだのです。

その手法が話題となり、全国でものすごく多くの人が目にするYahoo!ニュースのトップページに取り上げられたほどでした。

新番組を宣伝する時のテレビ東京の最大の宣伝ツールは神谷町駅と日比谷駅の駅貼りのポスターです。たった2駅の壁に数枚貼られるポスターに多額のお金を投じているわけです。もちろん、投資の意味はあると信じていますが、『勇者ヨシヒコ』はそのユニークなポスター戦略を通じて、Ｙａｈｏｏ！ニュースという全国の多くの人が目にする場所にポスターを貼れたわけです。

そうしたことから、お金をかけないで宣伝するために、Ｙａｈｏｏ！ニュースなどのネットで取り上げてもらうことは、非常に費用対効果がいいことに気がつきました。

ＢＳジャパンの『ワーキングデッド』は宣伝費としてあてられる予算は0円なので、ポスターを作るお金もなければ記者会見を開くお金もありませんでした。

しかし、なんとかして宣伝ができないかと思い、テレビ東京とＢＳジャパンの記者説明会（新聞各社やテレビ誌の記者が編成から改編情報の説明を聞く会）で、手作りのカンペを使って丁寧に説明しました。唯一のチャンスでしたし、なんとか面白さを無料で伝えたかったのです。そうしたら記者さんのリアクションも上々で、何社かがカンペでの説明を面白がって取り上げてくれました。

しかも、「テレビ局の記者説明会はどの局もシャンシャン総会みたいで面白くない。でも、テレビ東京にはカンペを使って宣伝する変わり者がいる」というようなことがスポーツ新聞のコラムに書かれて、『ワーキングデッド』がＹａｈｏｏ！ニュースに載ったのです。無料で全国の人にアピールできる良い宣伝となりました。

また、『俺のダンディズム』の時も、記者会見をただやってもニュースにならないかもしれないなと思ったので、記者会見の場で、滝藤さんの間もなく生まれてくるお子さんのために『俺のダンディズム』と印刷したロンパース（上下一体型の幼児服）を番組からプレゼントしました。

ロンパースは３０００円くらいで、ネットで注文したのですが、狙い通り『俺のダンディズム』のロンパースと滝藤さんが写っている記事が、Ｙａｈｏｏ！ニュースに載ったので、３０００円で広告スペースを買えた気がしました。あ、滝藤さんのお子さんの誕生は心からお祝いしているんですよ。

それから、東京スポーツさんから『俺のダンディズム』の取材を受けた時は「ボツになった企画も教えてください」と言われたので、ボツになった企画書の表紙を5枚プリントして持っていき、その表紙を拝んでいる写真を撮ってもらいました。その残念な感じがテレビ東京らしかったのか、こちらもＹａｈｏｏ！ニュースに掲載されました。

だから、Ｙａｈｏｏ！ニュースをはじめ、どうやったら記事になり、タダで広告を載せてもらえるかに腐心しています。ネット上で拡散するという意味の「バズる」という言葉がありますが、本当にいい時代になったと実感しています。

逆に宣伝費が潤沢にあったら、もっと正攻法の宣伝をしていたと思います。もちろん、宣伝費はあるに越したことはありませんが。

「ない」からこそ、思いつくことが「ある」

コラム　愛しのボツ企画④

「拳立！北斗学園」

実現したいけど、通せなかったボツ企画をこの本の中で供養するコーナーその④です。

2年くらい前のことですが、強烈な世界観を持った原作をベースに、常識を覆す新たなドラマはできないか……と考えた結果、たどり着いたのが『北斗の拳』ベースの不良学園モノでした。

ストーリーとキャラクターのベースは『北斗の拳』なのに、設定は不良学園に通う高校生というインパクト絶大なドラマです!!

【あらすじ】

西暦201X年、茨城県のとある学区は荒れに荒れていた。ゆとり教育から学級崩壊は完全に進み、暴力がすべてを支配する世界となった。北斗神拳伝承者である高校1年生ケンシロウは、中学の同級生で最愛の女性ユリアを南斗高校1年生のシンに奪われ、さらに胸に7つの傷痕を残す屈辱を受け、廃人のような生活を送っていた。

しかし、女子どもにも容赦をしない傍若無人な振る舞いの不良生徒たちにたまりかねたケンシロウはついに爆発。一瞬にして蹴散らす。

かくして、ケンシロウはそれぞれの宿星を持つ南斗聖拳の伝承者たちや北斗神拳をともに修行した兄たちを相手に激闘を繰り広げていく。

ヘルメットを被った隣クラスの不良ジャギや、馬で登校する番長ラオウなど、ちょっと見たくないですか?

これは、面白いと言ってくれる人もいたんですが、実現しませんでした。

これに関しては、著作権のからみもあるので、ご連絡いただかなくてけっこうです。

第5章　テレ東の注目Pに聞く発想術

――6人6色、一点突破の企画へのこだわり

この章では、テレビ東京で面白い番組を発想しているプロデューサーに僕が突撃インタビューをしてみます。

テレ東には面白いプロデューサーやディレクターはたくさんいますが、今回は6人だけピックアップしました。6人ともオリジナルの企画で勝負するマインドが強いのが共通点で、内訳は先輩3人、同期1人、後輩2人です。

普段は気恥ずかしくて聞けない企画のテーマ探しや発想術などを聞いてみましたが、十人十色ならぬ6人6色なので、とても勉強になりました。

伊藤隆行プロデューサー（テレ東の革命児・1995年入社）

伊藤Pってどんな人？

『モヤモヤさまぁ〜ず2』、『そうだ、旅に行こう。』、『ポンコツさまぁ〜ず』、『やりすぎコージー』、『怒りオヤジ3』、『人妻温泉』を手掛けています。『モヤモヤさまぁ〜ず2』にたまに出演しているので、ご存知の方も多いと思いますが、おそらくテレビ東京で一番有名なプロデューサーかもしれません。

彼の考える企画はどこか逸脱していたり、脱力していたり、変わっているものが多いと思います。でも、実際の伊藤Pは本当に熱い人で、よく会社の偉い人とぶつかったり、後輩を説教したりしています（笑）。

革命児として組織をひっくり返そうとしている、そんな人です。あくまで僕の印象ですが。

――伊藤Pは企画のテーマってどう発想してるんですか？

企画をしようとして企画を立てたことはないですね。企画会議やりましょうっていうのも嫌いだし、企画会議はあくまでアイディアを企画に落とし込む場所。むしろ、**喫煙所で他人のアイディアを〝ついでに〟聞く**ほうがいいかな。会議でひねり出そうとするより、本音のやりたいことが聞けるから。

――企画は基本的に自分で考えるんですか？

そう。**源は自分の原体験。**やっぱり自分の中にあるものでしか、他人と差別化できないと思うし。他局でやっているものを真似しても勝てない。自分の周りで本当にあったことを題材にしている。だから去年と今年ではやりたいことが違う。

そもそも、入社した頃はテレビマンとして何をしたいかがわからなかったんだよね。何かやりたいという欲をどう形にしていいか迷っていたというか。僕、究極のノンポリだから。

でも、その頃の上司が**「誰でも99％は凡人だ。でも1％の自分の中の天才を信じろ」**って言ってくれて。1％は人と違う何かを持っているだろうってね。それで、なんか吹っ切れたというか。

――それで自分の体験をもとに企画を考え始めたんですか？

そう。最初に通った企画は『三匹の子豚ちゃん』。高校生の頃ラグビー部のデブの友達が、インスタントラーメンを「ベビースターより美味しい」って言いながらそのままお湯もかけずに食べているのを見て、「デブの食へのこだわりってすごいな」と思ったのがきっかけ。あの感じって、のちのヒット番組の『元祖！でぶや』にもつながっていると思うんだよね。

あと、番組に応募してきた人妻が、一般男性の家で背中を流しながら人生相談に乗る『人妻温泉』は、自分が出張で訪れた名古屋の繁華街に人妻パブがあるのを見かけたのがきっかけだし、『モヤモヤさまぁ～ず2』は終電逃した夜に酒場に立ち寄りながら2駅歩いたADの話を聞いたのがきっかけ。

誰でもいろいろ体験はしていると思うんだけど**「それを面白がれるか？」「その人を面白がれるか？」が大事。**『ポンコツさまぁ～ず』も「三村さんポンコツ過ぎて面白いです！」がきっかけだから。

最近は、コンビニで若者に怖い目に遭わされて、「こういう若者を怒りたい！」と思った。

だから今は説教番組がやりたいね。「ながらスマホを怒りたい！」とか多くの人が思っているけど、実際には言いにくいことをテレビで思いっ切り怒るっていう番組ね。

こんな感じで、いつも企画を探しているから、よく目の奥が笑っていないと言われるけど。濱谷も目の奥、笑ってないよね（笑）。

――僕は笑ってますよ。でも、伊藤さんのその観察眼もひとつの才能ですよね？

そうかもね。さっき究極のノンポリって言ったけど、なんでも面白がるって才能だと思う。だから**「なんでも起きていることは企画になる」**が僕のポリシー。そして、それをテレビ番組に変換していくのが大事。

――企画書の見せ方で気にしていることってありますか？

タイトルだね。タイトルが見えないと企画にしない。逆にタイトルがハッキリしていればその先の細かい演出論はいらない。極論すると**タイトルという旗を立てたら、プロデューサーの仕事はほぼ終わり。**だから、タイトルは極力自分で決めたいね。

――タイトルのポイントは？

一瞬でわかる。ポカンとさせる。

――伊藤さんは、大物MCをテレビ東京に引っ張り込むイメージがありますよね？

大物MCと一緒に仕事をしたいという感覚はないんだけどね。出演者も企画のファクターにすぎないから。

でも「テレビ東京面白いよね」って言ってくれる人をつかまえて、テレビ東京でしかできない番組を作りたいとは思ってる。それは、テレビ東京の10年後につながるから。自分も42歳になったんで、そういうテレ東の未来を切り拓いていく仕事もやらなくちゃいけない。それで出演してくれたMCがテレ東の後輩たちとつながっていけば財産になるから。

――テレビ東京の未来まで考えてたとは……。

局全体として勝ちたいって思いがある。

「テレビ東京面白いよね」と出演した人に言ってもらうのも大きな目標。これを共有したスタッフも宝。テレビ東京の50周年記念特番は、テレビ東京の歴史を包み隠さず放送するチャレンジ番組だったんだけど、テリー伊藤さんが「ひどい番組だけど、若いスタッフに勇気がある」と褒めてくれたんだよね。これも自分にとっては大きな手応えとなった。

今後はテレビ東京にないものをぶつける。結果、それはテレビ東京を壊していくことになる。メーカーが技術革新して新商品を出すのと同じ。現状のテレ東の客だけ見ていてはダメだから。

●伊藤Pのインタビュー後に感じたこと

伊藤Pってアイディアはミクロの視点なのに、野望がマクロ。だから、くだらないテーマなのにちゃんと世の中に刺さる番組として仕上がるんだなーと実感。

そして、伊藤Pの企画のテーマは「テレビ東京」なんですね。テレビ東京にどんなアイディアをぶつけていくかが発想の源なんだと思いました。そんな人、伊藤Pしかいないですね（笑）。

10年前は、正直熱すぎて近寄りづらかったんですけど、特番で演出を任せてもらって一緒になった時に、会議ですごくいいこと言うし、飲みに行くと意外と弱気なことも語ってくるしで、すごくイイ人ですよね。

取材協力どうもありがとうございました！

五箇公貴プロデューサー（サブカル番長・1998年入社）

五箇Pってどんな人？

『怪奇恋愛作戦』、『リバースエッジ　大川端探偵社』、『湯けむりスナイパー』、『30minutes』など、基本はドラマ畑のPなんですが、『シロウト名鑑』、『田原総一朗の遺言』、『松尾スズキpresents美しい男性！』や映画『ゴッドタン　キス我慢選手権』シリーズなどジャンルを問わずサブカル色の強い番組を手掛ける、テレビ東京でも異色のプロデューサーです。

ケラリーノ・サンドロヴィッチさん、松尾スズキさん、大根仁さん、宮藤官九郎さんなど演劇を中心とする著名なクリエイターと組んで仕掛ける番組が多く、僕もよく仕事をさせていただく先輩です。

――五箇さんは、演劇とか音楽とかサブカルな番組が多いですよね？

もともと宮沢章夫さん、ケラリーノ・サンドロヴィッチさん、松尾スズキさんが好きで、芝居やアングラやブラックミュージックが好きだから、クリエイティブの核がそっちなんだよね。テレビでいうと、90年代初頭のフジテレビ深夜の「JOCX-TV2」の『BANANA CHIPS LOVE』とか『IQエンジン』とかの時代の深夜番組に影響された。こういうカルトなことをテレビにできるのはいいなーと憧れた。エロ、暴力、ストリートカルチャーなど、知らない物がいっぱいあって、テレビの王道でないところが好きだから、**変わった物が見たいっていうのが優先**なんです。もちろん視聴率も大事だけどね。

あとは、**埋もれた才能を世に出したい**というのが根底にある。いわゆるキュレーションですね。都築響一さんの著書に「だれも買わない本は、だれかが買わなきゃいけないんだ」というのがあって、それ、俺がやるべきことだ！　と思った。

この1月クールに放送しているドラマ24『怪奇恋愛作戦』もずいぶん前にケラさんの

構想を聞いて、どう立体化していくか考えた。「自分がどうにかしないと、このアイディアが埋もれてしまう！」という使命感もあった。

そして、才能のある脚本家と才能のある演出家と才能のある俳優の化学反応が見たいっていうのもありますね。

――五箇さんは、生粋のプロデュース肌ですよね？

原体験は自分が学生時代に、蜷川幸雄さんの舞台で制作のバイトをしたこと。蜷川さんの舞台は素晴らしいんだけど、それを商業ベースに乗せて多くの人に見てもらえるようにするために裏でプロデューサーが活躍していて、こういう仕事もあるんだと感銘を受けた。**面白さを底上げして、拡大していく仕事。**

――そういえば、五箇さん以前、劇場に転職しようとしましたもんね？

そうそう（笑）。テレ東に入ってしばらく事業部にいて、もともと舞台が好きだったので仕事はすごく楽しかった。でも、突然バラエティ班に部署異動してＡＤをやらされたら、それが本当に嫌で嫌で……。「1回しかない人生を無駄にしたくない！」と思って、パルコ劇場の中途採用試験を受けたんだよね。僕が学生の頃は新卒の募集がなかったから、これはチャンスだと思って。結局、落ちてしまったけど。でもADの経験はのちのちやっといて本当によかったと思いましたよ（笑）。

もう何をモチベーションに仕事しようかなと思っていた時に、伊藤Pに『大人のコンソメ』っていうお笑い番組のAP（アシスタントプロデューサー）に誘われた。当時のテレ東って旅とかグルメとか演歌とか中心で、若い人が見たい番組ってなかった。だからテレビ東京でゼロからお笑い番組の立ち上げをできたのは本当に楽しかった。

結果、そこでバラエティ番組作りのノウハウを学んだし、そこで知り合った構成作家のオークラさんと『30minutes』っていう深夜ドラマを考えて実現したからね。おぎやはぎさんやバナナマンさん、荒川良々さんとかが出てて当時は画期的だった。監督もフジテレビで『演技者。』というドラマを演出していた大根仁監督にお願いして。まだ大根監督とつながりなかったから『30minutes』の企画書を持って編集所のイマジカまで押しかけて、快諾してもらえて嬉しかった。懐かしいなー。

死ぬほど予算がなかったからありえないタイトスケジュールだったけど、あの番組がきっかけで、あの後、いろいろなドラマを作ることができた。

伊藤さんも、演出を担当していた佐久間も僕も、あれからお笑い番組をたくさん立ち上げたから『大人のコンソメ』がテレビ東京にとってエポックメイキングな番組になったと思う。

――企画の発想の仕方ってありますか？

「自分の興味のあるもの」と「世の中になくて見たいもの」を掛け合わせることかな。

あとは、**自分の本棚を見返すと浮かびます。**本棚に残している物って、自分の中でどうしても引っかかっている物だから。そういう物に今の自分のフィルターを通していくと企画になりやすいです。あと、人に勧められた本を積極的に読むようにしています。

――企画を通すコツって何かありますか？

読んだ人が嬉しいと思える企画書にすること。

主役の人を口説く際の企画書は、なぜその俳優じゃなきゃダメで、出ることにどんなメリットがあるのかを丁寧に書く。ラブレターのようなもの。だから、俳優だったり監督だったり、読んでもらう先によって企画書の内容は変える。

でも、一番大事なのは、形にしていく熱意に尽きるんじゃないかな。**死んでも通すっていう決意。**だから自分が面白いと思うものしか企画はできない、それがすべての原動力だから。

あ、視聴率は大事なんだけどね。

●五箇Pのインタビュー後に感じたこと

テレビ東京ってディレクターをしばらくやった人が、偉くなってプロデューサーになるっていう文化があるんですけど、五箇さんは、若い時からプロデューサー一本で行くって決めていました。それは、学生時代からやりたかったことが、今の仕事につながっているからなんですね。

そして、僕の知りうる中で、五箇さんが一番企画を実現するためのネゴシエーションや粘り強さがある人です。それは社内にしても社外にしても。

いつもあのエネルギーはどこから涌いてくるんだろうと思っていましたが、その一端がわかった気がしました。

佐久間宣行プロデューサー(お笑いモンスター・1999年入社)

佐久間Pってどんな人?

『ゴッドタン』、『ウレロ☆未確認少女』シリーズ、『トーキョーライブ22時』、『共感百景』、『有吉のバカだけど…ニュースはじめました』など。とにかくお笑い大好きプロデューサーでお笑い芸人を使った番組をたくさん手掛けています。映画『ゴッドタン キス我慢選手権THE MOVIE』では脚本、監督もこなす多才な人です。

個人的には、僕が社内で最も多く一緒に仕事をして、飲みに行く回数も多い先輩です。

――企画のテーマってどうやって発想してるんですか？

自分の生活で感じた違和感。

他人が怒っていたり、嘘をついてたり、泣いていたり、自分の理解を超える感情を見た時。感情をコントロールできない人に興味があるので、皆も共感できると思うし。

2001年に企画した『ナミダメ』は、当時流行っていた「感動をありがとう」って言葉を皆がありがたがってるから、「じゃあ、泣けば感動なの？」と思って、最初から泣くことをテーマにした番組を企画したんだよね。

『有吉のバカだけど…ニュースはじめました』は、会議で「はいはい」って知ったかぶりする人を見て「恥ずかしいなー」と思ったのがきっかけ。

そういうことって、直接口に出すと波風が起きるから言わないけど、その違和感をメモっておいて企画にするわけ。**人生で嫌なことがあると、それは企画になる。**

――常にお笑い番組を作ろうとしているんですか？

お笑い番組を作ろうと思って作ったのは『ゴッドタン』だけ。あと、厳密にはコメデイだけど『ウレロ☆未確認少女』かな。他の番組は、むしろ**カタいテーマをお笑い芸人さんを使ってエンターテインメントに**しようと思っている。
『スゴイ会議！』は道を極めたスゴイ人たちが繰り広げるトークの面白さに芸人の加藤浩次さんをぶつけた。『有吉のバカだけど…ニュースはじめました』は、世の中のニュースに有吉さんとバカリズムをぶつけた。

――企画書を書く上でのポイントは？

企画書はほとんど自分で書くかな。**企画書自体が人に伝える演出だから**。クリエイティブの肝になる人が書いたほうが良い。企画書はめくりながら目の前でプレゼンできるレベルの資料にする。だから、読む相手が誰かを考えて書いたほうが良い。**企画書はラブレターだと思う**。
あと、自分の好きなジャンルに、他人はまったく興味がないと思うことが大事。編成局で、自分のジャンルに一番興味がないであろう人が、いかに興味を示してくれるかイメージしながら書いている。

例えば、今年と去年の年始に放送された『共感百景』は、もともと〝あるあるネタを詩の形で発表する〟イベントだったけど本当に面白くて。それを番組にしようとしたのに、最初はまったく企画が通らなかった。イベントは面白いのに企画書だとその面白さが伝わらないのが悔しくて、考えた結果、**企画書でイベントを完全再現する**ことにした。つまり、実際にイベントで出演者が詩を書いた直筆の色紙を、全部スキャンして企画書に盛り込んだ。企画書を読んでると、実際にイベントを見学しているように楽しむことができる。そうしたら、「これは面白い！」という話になって実現した。まさに企画書の力だと思った。まあ、おかげで3日くらい徹夜したけど（笑）。

――けっこう粘るタイプですよね。

『ウレロ☆未確認少女』なんて5回も企画書を書き直したから。東京03のコントライブが大好きで、その面白さを世に出せるコント番組を作ろうとしたんだけど、全然通らなくて。

最初は劇団ひとり、バカリズム、東京03の3組のコント番組って企画書だったけど、東京03の知名度を考慮して、企画書上の東京03のボリュームどんどん小さくしていって、最終的には「バカリとひとり」ってタイトルにしちゃった（笑）。

それでも、まだGOサインが出なかったので、アイドルのユニットを作るという構想もプラスして、広がりのある展開を企画書上強調した。芸能事務所が設定なのもそこが理由なんだよね。それで晴れて企画が通った。だから一番通って嬉しかった企画はこれかな。

――たしかに一幕もののコント番組なんて、このご時世通らないですもんね。

うん。でも、一幕にしたのも予算の制約上仕方ないところもあった。劇団ひとりとバカリズムっていう人気芸人を長く拘束するのも難しいから1日拘束で済む収録は都合が良かった。結果的には、ふたりにとっても舞台感覚の客入れ一発本番って、他のテレビ番組にはないから、引き受けてくれる要因になったと思う。

――『ゴッドタン』は長寿番組ですが、どうやってコーナー企画を考えてるんですか？

『ゴッドタン』はふた通り考え方があって。

ひとつは、この世代のこんな芸人を出したいとか、若手芸人を中堅のＭＣ陣にからめたいとか、出したい芸人を番組にどうからめるかで企画を考える。

もうひとつは、流行しているキーワードを番組に掛け合わせる。アイドル、アニメ、声優とか。けっこう掛け合わせで企画を考えることはある。

昔は、エクセルの左の項目と右の項目にキーワードを入れて、ランダムに掛け合わせる発想法も使ってた。そうすると、「恋愛×野球」みたいに変な企画が浮かんだりするし。

まあ、『ゴッドタン』は**芸人を面白く見せたいっていう芸人愛がベース**だけど。


――ご自身の著書でも自分は誰よりも仕事を楽しんでいるって書いてましたよね？


そう。自分で企画を考える時の**最大のポイントは、収録現場が楽しそうってこと**だもん。

以前、興味のないテーマの番組をやったことがあって、視聴率はそこそこ取れたけど、その先、続けたいと自分で思えなかった。自分が収録現場にいたいと思える、楽しい番組じゃなきゃやっぱりできない。

たまに、番組を運営しているうちに、何を面白がっているか見失う時がある、そういう時は企画書を引っ張りだして読んでみる。そうすると、自分が面白いと思った初期衝動を確認できるから。

でも番組作りのスタンスも年齢を重ねて変わってきたかも。20代の頃は世の中に対する反骨心や悪意みたいのが企画の種になってたけど、**30過ぎてからは愛情で作っている。**この人たちの良いところを見せたいっていう。最近の『ゴッドタン』はフジテレビの『はねるのトびら』メンバーによく出てもらうんだよね。番組終わっちゃったけど、あれに出てた芸人って面白いから大切にしようみたいな。

●佐久間Pのインタビュー後に感じたこと

佐久間Pは社内で一番一緒に仕事したり、飲む機会が多いので、だいたい考えていることは知っていたのですが、本当にお笑いへの愛情の強さが伝わってきますね。

こういうジャンル愛が強い人って、企画にもカラーができるし、タレントとも長期にわたって向き合っていくから、業界からの信頼も厚い。一番「自分らしさ」が企画に現れているプロデューサーだと思うんですよね。

こんな好き勝手やって認められる会社員に自分もなりたいものです。

水谷豊プロデューサー（ナニワの視聴率男・2001年入社）

水谷Pってどんな人？

僕と同期入社で『ありえへん∞世界』、『世界ナゼそこに？日本人〜知られざる波瀾万丈伝〜』、『世界の秘境で大発見！日本食堂』などゴールデンの情報番組の演出やプロデューサーをしているのですが、実はテレビ東京で一番の視聴率男です。

面白い人、独創的な人、ディレクタースキルの高い人はテレビ東京にもたくさんいますが、本当に視聴率を取る感覚に優れているのは水谷Pです。僕は同期にこんな天才がいるので、頼もしいと感じる一方、ちょっとコンプレックスを抱いています。

水谷Ｐの番組はカッコつけずに人間の本能に訴えるものばかりなので、その発想方法を聞いてみました。

――ズバリ、高視聴率番組を作る秘訣ってなんなの？

視聴者が「知りたい！」と思える情報を提供すること。自分が情報番組好きだっていうのもあるんだけど、**テレビって知って得したと思えるのが一番大事**だと思うんだよね。だから自分もそういう番組を作っている。

――でも、情報番組でも視聴率取るの大変だよね？

情報番組で視聴率を取るコツはふたつあります。

ひとつは、**視聴者が求めている情報に照準を合わせること。**

視聴者の求めている情報を読み取り、予想する力に長けているから自分は視聴率が取れるんだと思う。庶民に向けてテレビを作ることが大事。自分は高校まで公立で、周りに貧乏な友達多かったからその感覚がわかる。例えば、８００円の昼飯を制作サイドは安いと思うかもしれないけど、でも、それって実は間違っている。世の中は３８０円の安くてうまい昼飯を求めていて、380円でうまい、これを探すのが情報番組の基本。**ジャスコで伊勢丹の商品を売っても売れない**でしょ？　作り手が浮世離れしていると視聴者が置き去りにされる。この照準を合わせる作業が情報番組の命。

――なるほど、もうひとつの要素は？

ふたつ目は、他局でやっていない、見たことのないネタを扱うこと。そうしないと情報番組は勝てない。もう15回も放送している特番『世界の秘境で大発見！日本食堂』は海外の日本食を取り上げる番組が他にないから企画した。最初は海外の日本食堂ってどんなだろうっていう好奇心だけだったんだけど、取材してみたら、「なんでそんなところで日本食堂をやってるんだろう？」っていう波瀾万丈の人生も面白くって。だから『世界ナゼそこに？日本人』は日本食堂にとらわれず、海外に住む日本人のナゼ？　に焦点を当てることで派生して作った番組。

番組って突き詰めると「なぜ？」→「答え」という構図。だから、疑問が強い番組は視聴率が取れる。逆に、疑問の部分に興味がないと視聴率は取れないと思う。

だから、情報番組の会議は、リサーチで上がってきた情報を「見たい」or「見たくない」に振るい分ける作業が命。僕は興味のあるなしを嗅ぎ分ける**「知らんがなセンサー」が人よりも優れている。**番組のトップの「知らんがなセンサー」が狂っていると、視聴率は取れないからね。

——知らんがなセンサー面白い！ 例えばどんなのが「知らんがな」なの？

『世界ナゼそこに？日本人』で、日本人が移住をした理由でよく上がってくるケースに
●金持ちだから ●芸術や趣味のため ●ナンパされたから
があるけど、この3つは「知らんがな」です。採用しません。
そういうのは個人的な結婚式VTRなどで披露するネタで、皆が見たい物じゃないから。

——『解禁！暴露ナイト』など、裏社会のネタもけっこう扱うけど、そこも詳しいの？

あれは、すごく興味があるけど、そんなに詳しくない分野。自分がそこまで強くない

分野で勝負する時は、**その分野に詳しいエキスパートを入れるべき。**

『暴露ナイト』をやった時は、毎週『実話ナックルズ』を読んでいて裏社会が好きで好きで仕方ないディレクターをスタッフに入れたんだよね。

本当に好きな人の選球眼はやはり違う。取材する力も、興味がある人とない人とでは雲泥の差が出る。「ああ、こんな質問するんだ！」って感心したね。

僕は突き詰めると、好きなジャンルでしか勝負してないんです。視聴率取れそうだからとやっている企画はありません。

自分は「金」、「飯」、「女」の三大欲求にしか興味がない（笑）。

本も漫画も一切読まないし、映画も観ない。だから、興味のあるジャンルの番組しかやりません。自分の興味がない企画を通してもどうせ続かないし。


――企画を考える発想方法ってある？


僕の場合は夜の店がネタの宝庫。

「なんでここで働いてるのか？」とか。僕は聞き上手だからノンフィクションライターになれると思っています。ネットよりも現実のほうがリアル。フィクションよりノンフィクションのほうが奇想天外。だから対面取材に勝る発想はないね。

あと、僕は宿題を出すプロ。企画募集にしろ、番組内のコーナー募集にしろ、作家やディレクターに宿題を出すときに方向性をしっかり明示するのが大事。フリーに発想してもらっても、いい答えは返ってこないから。

よく宿題をＡＤがメールするのを見るけど、僕は自分で出す。目線付けの細かいニュアンスは自分にしかわからないから。例えば、『ありえへん∞世界』で、日本人になじみの薄い国を特集するコーナータイトルを募集する時には、「『一生行かない国』だと言い過ぎですが、そのニュアンスと『路地裏の名店』のような気になる感じを煽るコーナータイトルを募集」と宿題を出す。結果『99％行かない国⁉』というタイトルができた。

そして、大量に集まった宿題を「見たい」「見たくない」に振り分けていく。ここでも「知らんがなセンサー」が物を言う。

いくつも番組を掛け持ちして大変ですねって言われるけど、**この「宿題の目線付け」と「選定の感覚」がすべて。**それなら拘束時間は少なくて済むから。

――ゴールデン2本と深夜1本の演出やりながら、特番までしてる秘訣はそれなんだ。

あと、スタッフに自分の理念と感覚を共有できる優秀な人を囲い込むことが大事。昔は新しい血を入れようとしてたけど、他の番組で通用しても僕の番組というか、テレビ東京の番組では通用しないっていうスタッフがたくさんいる。だから今は「水谷塾」で「水谷メソッド」を習った人としか組まなくなってる。やっぱり、一から教えるのって大変だから。

こういうインフラをしっかりと作ることが番組作りにおいては大事なんじゃないかな。

●水谷Pのインタビュー後に感じたこと

天才はやっぱりすごいと感心してしまいました。テレビマンの多くは映画やアートに憧れている面があると思うんですが、水谷Pにはそこが一切ない。テレビの情報番組が夢であり主戦場である。だから視聴率が取れるんですね。

僕も〝知らんがなセンサー〟欲しいなって思ってしまいました。

工藤里紗プロデューサー（過激な女性P・2003年入社）

工藤Pってどんな人？

工藤Pは僕の二期後輩で、子育てをしながらも精力的に番組の演出、プロデュースをしている、テレビウーマンの鑑のような女性です。

かわいらしいルックス（ドラゴンボールに登場するチャオズに似ていると思っているのですが）とは裏腹に、作る番組はかなりセンセーショナルで、『極嬢ヂカラ』や『アラサーちゃん　無修正』など女性の性や過激な情報に一歩も二歩も踏み込んでいる印象があります。

――工藤が企画を考える際、大切にするテーマはなんですか？

くそマジメに聞こえてしまうかもしれないですが、マジョリティじゃない〝マイノリティ〟、つまり**弱い立場の人の気持ちを考えることです。**

自分がアメリカで幼少期を過ごした時に、アジア人のマイノリティであった体験が基になっています。日本に帰国してからも大阪の小学校では「外人やん！」って言われ、道を歩いている外国人がいると、英語で話しかけるようクラスメイトに促されました。別につらい思い出ではないんですけど、マイノリティ側の気持ちを伝えたいというテーマが根源にあります。

外国人だって、女性だって、子ども、お年寄り、貧困層、障がい者、皆マイノリティ。でもそこがまた興味深い。

――それは番組作りに活かされている？

『極嬢ヂカラ』という深夜番組でレズビアンのカップルを取材した時に、周りからは「レズビアン、もしくは同性愛の人を扱うことは差別じゃないの？　大丈夫？」と言われました。でも、それはマジョリティ目線の意見で、本人たちは普通に恋愛している様子を普通に描いたことを喜んでいました。

多くの人たちと違う生き方をしている姿、考え方をその人たちの目線で描く。もちろん、その人たちが傷つかないことに配慮しています。

『大竹まことの金曜オトナイト』(BSジャパン)で、薬物中毒者のリハビリ施設やアイスバケツチャレンジが話題となった時期に逆にALS患者さんの密着取材をした時も、その目線は大切にしました。マイノリティの人は、決して珍しいのではなく、話せば理解できるということを、番組を通して訴えたいんです。

――刺激的な番組が多い印象だけど、意外と社会派なんだね?

もちろんテレビなんでドキッとさせたいってのもあるけど、社会的なテーマを考えるきっかけを作りたいんです。その際に、**硬軟を混ぜるのがポイント。**「より良い日本を考えましょう!」と正面切ったものはすでに問題意識がある人しか見ない。そうではなく、いつの間にか社会問題について考える、間口の広い番組を目指しています。無難なものではなくみんなをドキッとさせて、それが考える機会につながるのが理想ですよね。

こういうのって社会派か下衆かのどちらかに偏ってしまうから、そのバランスが大切です。

――『極嬢ヂカラ』や『アラサーちゃん　無修正』のテーマもそうなの？

「女性って本当はこうなんだよ」っていうテーマ。世の中、女性向けの番組がそもそも少ないけど、女性向けの番組ってなんかフワフワしていて、キュンとさせておしまいみたいなのが多い。でも実際の女性はもっとどぎつい話をしている。

「Hしたけど、その後付き合ってくれない。最近、その男からのメールが減って来た。さあ、どうする!?」みたいな、キュンとした後のリアルな部分も描きたかった。男性はドン引くこともあるみたいですけど（笑）。

『セックス・アンド・ザ・シティ』でキャリーがブラジリアンワックスをして派手なリアクションをしているのって面白いですよね？　私もブライダルエステに行った時に、店員さんが脱毛コースに関してVライン、Iライン、Oラインみたいに説明しているのを聞いて、とてもバラエティ的だと思いました。

女性同士でこっそり話すと盛り上がるのに、テレビでは表に出てこない、女性が興味津々のネタ。そういう**女性同士が本音で話すことをテレビで扱いたい**んです。

『アラサーちゃん 無修正』も本の内容は面白いし、どぎつい。ただ、主役がアラサーちゃんという女性目線なので、いじらしくもあるんです。美人のアラサーちゃんや、かわいいゆるふわちゃんも恋愛に悩んでいる。観た人が「自分だけじゃないんだ」、「みんなが悩んでいるんだ」と共感できる……男性が映像化して、女性が共感できないエロドラマに振ってしまうくらいなら、私がやろうと思いました。

――企画を考える時の発想方法ってなんですか？

「企画を考えるぞ！」と思って思いつくことはないです。いろいろなものと接触すると浮かびます。

人と飲むとか、映画観るとか、音楽を聴くとか、イベントに出掛けるとか、目いっぱい年上の人やマイノリティと話すのもいい。そして、それに感心するだけでなく、自分がそれをどう感じたか考えるのが大事。そういうことを携帯のメモにキーワードとしてどんどん入れていきます。

あと、自分が感じたことを人に話していると、その人のリアクションを受けて、どんどん膨らんでいきます。アイディアをもらうのではなく、自分のアイディアを引き出してもらう。**人と話すこと=声に出してアウトプットすることで整理されるん**です。

アラサーちゃんの企画会議で、アラサーちゃんの面白さをとりとめもなく説明していたら「女にとってはあるある、男にとってはマニュアルが満載」というワードが自分の口から出て来て、聞いていた作家さんに「それがわかりやすい！」と言われて、あらためて自分も企画のポイントに気づかされました。結局ポスターのコピーにも「女はあるある、男はマニュアル」は採用されました。

自分の感性を引き出してくれる聞き手を見つけるのは大切ですね。

刺激し合えるディレクター仲間、作家さん、先輩、後輩に恵まれているので感謝、感謝です。

――企画書を面白く見せる秘訣ってありますか？

名前を大きく書くことです（笑）。**タイトルと同じくらい大きく名前を書いてます。**たくさんある企画の中で、ちょっと面白いと思えた企画が誰のものだかわかるように。そして、**字体は週刊誌の中吊りの字体と一緒**にしています。それが一番目を引くと思うから。

インターネットで、「忙しい彼がすべてを捨てて自分に振り向く方法」など、悪徳商法っぽい記事ありますよね？　最終的にマニュアルを買わないといけないやつ。ついつい読み進めてしまう、あの文章に心惹かれてしまうので、文章のテンポや色使い、文字のメリハリなどは、そのテクニックを真似ています。

あと、企画書というよりは企画自体に、協力したいと思ってもらえるかって大事だなと思います。『極嬢ヂカラ』が決まった時に、「女性の番組を欲しいと思ってた」って人が社内外からたくさん現れました。自分たちの目線を活かせる、自分たちが主役になれる、と思って能動的に動いてくれると番組が広がっていきます。

だから、テーマがわかりやすく、見たい人が想定される番組を目指しています。

――最後に、テレビ東京の良いところと悪いところを教えてください。

良いところは、社内やスタッフの顔が見えるところですね、あと、みんながテレビ東京を応援しているところ。

悪いところは、「テレビ東京脳」になってしまうところですね。低予算前提で考える癖がついてしまい、壮大なことを考えるのを無意識に排除しているところがある。でも、突拍子もないことでも必死に道を探れば、意外と実現可能だったりするので、「テレビ東京脳」に縛られないことが今後の課題です（笑）。

●工藤Pのインタビュー後に感じたこと

マジメな人の割に刺激的な番組が多いなと思っていたら、根はジャーナリズムなんですね。そして、女性をマイノリティの視線としてテレビで描いていたというのが新鮮で、そこが強みでもあるんだと思いました。

「テレビ東京脳」は自分も完全に洗脳されているので、身につまされる思いです。彼女みたいなテレビウーマンが増えるといいなと思います。

高橋弘樹プロデューサー（インテリ天才D・2005年入社）

高橋Pってどんな人？

『家、ついて行ってイイですか？』、『ジョージ・ポットマンの平成史』、『吉木りさに怒られたい』、『文豪の食彩』など、独特な番組をどんどん企画しているテレビ東京のホープです。

ジャンルにとらわれずに企画する印象があり、政治や歴史に詳しいインテリジェンスな面と、刺激的な番組作りに長けている両極端な面を持ち、企画の触れ幅も大きく、演出がとにかく大胆な気になる存在です。

――独特の番組が多いけど、企画のテーマってどうやって決めてるの？

テレビ番組が好きじゃないんです。特にバラエティが好きじゃない。だから自分が見たい物を作りたいっていうのが源です。ドキュメンタリーは好きなので、ドキュメンタリーをどう間口の広いバラエティのフレームに落とし込むかという感じですね。

——たしかに、『家、ついて行ってイイですか？』はドキュメンタリーだもんね。

あの番組は街でかわいい女の子を見かけたら「あの子の家ってどんな感じなんだろう？　見たいなー」っていう欲求から生まれました。ちょっとストーカーみたいですけど（笑）。駅前で喧嘩しているサラリーマンとか見ても、「普段はどんな人なんだろう？」って知りたくなるんです。

一度、カメラなしで実験したんですよ。家について行く。

ヴィレッジヴァンガードの前で張ってて、やってきた男性に「家ついていってっていいですか？」って。もちろん素性と意図は明かしてですよ（笑）。

そうしたら本当に家に入れてくれて。あの時の緊張感というか、わくわく感が強烈で。やっぱりアポなしって面白いなと思いました。

——『家、ついて行ってイイですか？』はOAもドキドキするよね？

そこは大事にしてます。ごく一部を除いて、**ナレーションも音楽もSEも一切入**

れない。やっぱり人の家に上がった時のあの緊張感を大事にしたいんです。遠くの街のノイズとかが静寂の中に聞こえてくる感じ。

まあ、予算の関係もあるんですけど。あの番組の肝っていかに多くの人に声をかけて面白いロケをできるかなんです。だから、ロケDやADの人件費が予算の大半に割かれるべきで、それ以外の予算は削れるだけ削ろうと。だから音楽もスタジオセットもゲストもいらない。

予算の配分を大胆にすると、企画って普通じゃなくなって面白くなると思います。

――ちなみに、どれくらいロケで声かけてるの？

ゴールデン1回放送するのに2000人くらい声かけてます。そのうち家についいて行けるのは30～40人。放送されるのはその5分の1くらい。

――2000分の7人……。『吉木りさに怒られたい』はドキュメンタリーではないよね？

あれはもともとは「美しい人に怒られたい」っていう番組なんですけど、ADの頃ディレクターに毎日怒られてて、それが本当に苦痛で、その苦痛を和らげるために、ディクレターがかわいい女の子だったら良いのになーと妄想したのがきっかけです。

――企画ってどうやって発想してるの？

僕の番組は基本的に個人的な欲求から始まっています。だから企画は基本的にひとりで考えることが多いですね。自分の欲求に忠実な企画は情念がこもって、企画にも力が入るし、一点突破になりやすいのではないでしょうか。

企画は、僕の情念と世の中のニーズの交わる部分を探す作業ですね。

あと、本を読んでる時に浮かんだりします。例えば李白の詩集とか、そういうテレビに関係なさそうな好きな本を読んでる時になぜかポーンと浮かびます。だから本の奥付は企画メモだらけなんです。

――企画書のポイントってある？

重複になってしまうかもしれませんが、企画者の情念がこもっていることが大切だと思います。

あと、**ゴールまで企画書の中で書き切っている物**が結果として通ることが多い気がします。スタジオからロケからこうなるっていうのを最後まで書いたほうがいいです。うまくいかなくても最後まで書く苦痛を味わったほうがいいです。途中で諦めると投げ出す癖がついてしまうから。

でも、本当は企画を通してプロデューサー、というだけではなく、ディレクターをバンバンやりたい。現場にもたくさん取材に出て、時々企画っていうのがいいですね。

●高橋Pのインタビュー後に感じたこと

やっぱりドキュメンタリーディレクター気質だからか、視点もディレクターだなーと思いました。現場の雰囲気の逆算から企画しているというか。

『ゴッドタン』の演出の佐久間Pですらけっこう早い段階から「高橋弘樹のロケディレクタースキルは俺やお前より上だぞ」って言ってたくらいです。バラエティのディレクターの才能って天性のものなんですよね。
僕はそこそこ程度だったんで、企画で勝負しなくちゃって思っています。

コラム　愛しのボツ企画⑤

「すすきのダイハード」

このコーナーの最後は、実はまだボツになっていません。ぜひ実現させたい企画です。

報道ニュースで、すすきのや歌舞伎町などの風俗店の雑居ビルの火災を目にします。

消防士や救急隊員の活躍により、一命を取りとめる感動的な一幕。

でも、ちょっと待てよ……あの風俗ビル火災に大勢訪れる野次馬やマスコミのカメラの衆人環視の中、助かる人ってどんな気分なんだろう？　仕事をサボって家族に内緒で風俗に行って、火災に巻き込まれる……こんな恐ろしいことはないのではないでしょうか？　ふとそんなことを思ったのがきっかけです。

【あらすじ】

営業回りの仕事をサボって風俗店で休憩していた主人公が、不幸にもビル火災に巻き込まれる。彼は身震いした、「ここで死んだら、いや、堂々と生きて帰っても、家族や会社にバレてしまう……」と。その想いは、店に居合わせた他の客も、親や学校に内緒で働いている風俗嬢も、皆同じ。皆が一致団結する。

「絶対に生きて帰る！　しかもバレずに」

ひとりの犠牲者も出さず、しかも、野次馬がいない裏口から生還しようと命がけで戦う、スリルと笑いに満ちた「ダイハード@すすきの」が幕を開ける。

これは、まだ企画提出さえしていません。だって、地上波で放送できる内容じゃないですから。

映画関係者の方、もしくは有料放送チャンネルの方で、興味を持ってくださいましたらテレビ東京までご連絡ください。絶対、面白くなると思いますんで。

おまけ　偏差値29からのテレビプロデューサー

――テレ東的、一点突破の就職活動

偏差値29から1年で40偏差値を上げる勉強法

最近、ビリギャルの本（『学年ビリのギャルが1年で偏差値を40も上げて慶應義塾大学に現役合格した話』坪田信貴・著）が話題なので、ちょっと便乗したような章を設けました。「だから、あなたも諦めないで」みたいなノリで勉強の苦手な受験生や悩める就職活動生に読んでもらえたら嬉しいです。

あれは忘れもしない僕が高校3年の秋のこと。初めて全国模擬テストなるものを受けました。高校時代、勉強をしていなかったとはいえ、中学時代は成績が良かったので、人並みの学力はあるのではないかと高をくくっていました。

結果、偏差値「29」。なんと全国で下から5番。

数ヶ月後に受験が迫っていたのですが、当然、失敗しました。だって偏差値29だもの。

たしかにおバカの兆候はありました。クラスで仲の良かった落ちこぼれ4人組で数学のテストで勝負したことがあります。一番点数の良かった人の晩飯を皆でおごるみたいな。

しかし、勝負はつきませんでした。なぜなら4人とも0点だったから。「4人合わせて0点なんてすごいね」と言いながら、4人でラーメンを食べて帰ったのも今では良い思い出です。

とまあ、当然のごとく浪人してしまったのですが、せっかく1年間も勉強ばかりするなら、なんか周りをあっと言わせたいという欲求に駆られました。

そこで思いついたのが東大に合格するというサプライズです。こんな勉強のできない僕が1年後に東大に合格したら、親も友達も皆驚くだろうなと思ったのです。

だから、誰にも志望校を告げず、必死に勉強していることも隠して、1年後の皆の驚く顔を思い浮かべてわくわくしながら浪人しました。

もうお気づきかもしれませんが、

偏差値を1年で40上げる勉強法は、
びっくりするくらい偏差値を上げて周りを驚かせようと楽しむことでした。

1日12時間くらい勉強したと思いますが、大して苦ではなかったです。だってサプライズのために勉強してるんですから。今でも、たまに2ヶ月で10キロくらい一気にダイエットして、周りを驚かせたりすることもありますが、コツコツ痩せるより楽しいです。

簡単な問題を何回もやったり、うろ覚えの暗記を3回繰り返すなど、いろいろ勉強法は試みましたが、やはり一番の勉強法は目的意識だと思います。第1章の冒頭で、「企画を通す最大のコツは、企画を絶対実現したいと思うこと」と申し上げましたが、受験も同じでした。

さて、受験に話を戻すと、1年後、センター試験も700点近く取れて（センター試験は800点満点です）、東大合格まであと一歩のレベルまで学力を引き上げましたが、2次試験は英語のヒアリングがまったくできず、不合格でした。

これだけ勉強して受からないんだから、東大はやっぱり自分には高嶺の花だったんだなと思いました。

それでも滑り止めの慶應義塾大学と早稲田大学には合格することができたので、親は十分驚いていました。でも、僕が想像していた東大に合格した時のリアクションに比べると、なんか物足りなかったですね。

テレビを見ていなかった僕のテレビ局の就職活動

就職活動が迫った時に、富山の薬売りである父親からアドバイスをもらいました。

「うちはコネも貯蓄もないから、迷わず就職活動頑張っていいぞ」

漠然とCMディレクターになりたいと思っていたので、広告代理店の方をOB訪問したのですが、広告代理店の人というのはちょっとノリが濃くて、僕はうまくやっていけないかもしれないなと思いました。しかも、みんな「クリエイティブ部署に行けるのは一握りだよ」と脅すので、学生だった僕は「営業は嫌だなー」と思ってしまいました。

今考えると、営業もプロデューサー的側面があるのですが、当時はネットに書いてある〝一升瓶一気〟やら〝裸踊り〟をやらされるのではないかと、ビビッてしまったのです（笑）。

そんな中、一足早くテレビ局の採用試験が始まったので、映画好きな僕は、ドラマの監督と脚本ができるのならテレビ局のほうがいいかもなと思い始めました。

深く考えずに、最初に受けたＴＢＳで「好きなテレビドラマはなんですか？」と聞かれてしどろもどろになりました。実は学生時代テレビをほとんど見たことがなかったのです。ボソッと「『水戸黄門』……」と答えた後に言葉が続かず、気まずい空気になったことは忘れられません。

このままではいけないと思いましたが、今からテレビを研究したって間に合わないし、大学時代に大した経歴もないし、どうしようかなと思った僕は、思い切った自己アピールに変更しました。

〝一点突破〟の就職活動術

僕は人とは違う趣味がひとつだけありました。それは缶コーヒーの収集です。１９０グラムのショート缶だけで、当時５８０種類持っており、その話ならいくらでもできます。エントリーシートにも「缶コーヒー収集」を大きく目立つように書きました。

すると、期待通りの質問が来ました。

「缶コーヒーを集め始めたきっかけは？」

――高校生の時にテスト勉強で机の上が缶コーヒーの空き缶だらけになって、世の中には何種類くらいあるのだろう？　と思ったのがきっかけです。

「缶コーヒーの収納方法は？」

――ふすまの桟に重ねていって、6畳2間を2周、3周とさせて、バランスを保っています。意外と安定していて、震度3までは崩れないことが証明されています。

「コレクションの中で、一番レアな缶コーヒーは？」

――防衛大学の学園祭で購入した「陸」「海」「空」の3種類です。缶に戦闘機や軍艦、戦車がデザインされていて、とても気に入っています。

テレビ東京の1次面接で缶コーヒーの話をしたら、すごく盛り上がって10分の持ち時間があっという間に終わりました。2次面接も面接官が変わるので、缶コーヒーの話で盛り上がり、その後の面接もほとんど缶コーヒーの話しかしていません。なんと、まったく同じ話を続けて内定してしまったのです。これこそ、まさに一点突破主義（笑）。

そもそも、面接する側も普通の会社員。プロの面接官ではないので、そんなに質問をいっぱいできないし、受験者の人柄や魅力がわかる話題を見つけて盛り上がったら十分なのだと、今となっては理解できます。

業界研究をした知識や、学生時代の浅い経歴をアピールするよりも、一点、自分は面白いぞっと思わせるものをアピールできることが大切だと思います。

自分の「好き」を志望動機に！

エントリーシートや面接で話すことの2大要素は
①自己ＰＲ
②志望動機
ではないでしょうか。皆さんならどちらに力を入れますか？　僕は圧倒的に②の志望

動機です。なぜなら、①はあまりプラスにならないからです。

「学生時代に100人所属するサークルの代表をやっていました。だから、僕にはリーダーシップがあります」

「高校時代に水泳でインターハイに出場しました。体力には自信があります」

「世界40ヶ国を旅行しました。私はバイタリティに自信があります」

たしかにすごいかもしれませんが、いくら経験がすごくても、それを理由に入社してほしいとは思いません。

「学生時代にこんな成果を残しました。だから御社で活躍できます」というロジックは論理が飛躍している気がしてなりません。

では、志望動機がしっかりしていれば、その会社で活躍できるのか？　それも、もちろんNOです。僕の理想とする志望動機は、その人の根っことなる芯の部分が見える志望動機です。

「僕は、このことに関しては1週間寝ないで頑張れます」とか、「このことだけは30年かかっても情熱を燃やせます」など、その人のモチベーションがわかることは面接において とても有意義です。

そのためには、自分がどんな人間なのか、少なくとも〝自分がどんなことに情熱を燃やす人間なのか〟を言えることが大切です。受験する会社の仕事でその情熱が燃やせるならば志望動機は厚みを増します。

第2章で申し上げましたが、企画において、自分のやりたいこととなるテーマを見つける作業と似ています。

①自分が面白いと思ったこと
②自分が褒められて嬉しかったこと
③人生の岐路で今の道を選択した理由

こういったことをどんどん書き出して、「ナゼ？」をぶつけて理由を突き詰めます。すると、自分という人間の志向がわかります。

僕の場合は、中学校の頃に野球部に所属していて、野球では大して褒められなかったのに、新入生への部活動紹介を芝居仕立てで演出したら、大盛況で先生や監督にすごく褒められた経験。

　高校時代、勉強はまったくできなかったけど、学校行事でマスゲームのようなダンス演出の評判がすごく良かった思い出。

　大学時代に自分で脚本・演出を務めた芝居を、観客から面白いと言われたことが本当に嬉しかった感覚。

　共通しているのは、僕は思いついたアイディアを表現して、面白い！　と言ってもらえることが何よりも嬉しいのだということです。

　だから、そういう仕事に就けるなら誰よりも働くし、きっと情熱をもって取り組めます。テレビはまさにアイディアを番組に落とし込み、テレビの前の多くの人に楽しんでもらうという仕事。これは僕の理想の仕事です。

——というように、自分の経験や選択をすべて志望動機に集約させることが、理想の就職活動のプレゼンだと思います。

　だから、先ほど①自己ＰＲよりも②志望動機が大切。と申し上げましたが、①の自己ＰＲを、すべて②の志望動機のフリにするのが正解だと思います。

実は、僕の面接での缶コーヒーの話にも続きがあります。

収納方法やレア缶コーヒーなど、面白缶コーヒー話を9分した後に、こう切り出したのです。

「580種類集めてみて、缶コーヒーの味がすべて一緒だったということに気づきました。では、なぜ同じ味なのに僕は580種類も缶コーヒーを情熱を持って集めたのか？

それは『うちの缶コーヒーが一番おいしい！』とPRしようと、デザインやコピーに各社がしのぎを削っている様に感動したからです。だから僕は、缶コーヒーを作る業界ではなくて、表現の部分で勝負するテレビ業界で勝負したいと思います」

面接官も「うまいこと言うね。落語みたいだね」と感心してくれました（笑）。「わかりやすさ」からの「思いがけなさ」です。

この10分パッケージを持って面接に臨むだけで、就職活動は一気に楽になりました。これが僕の就職活動の極意です。

企画もそうですし、受験もそうですし、就職もそうですし、結局テクニックというのは枝葉です。何においても不屈の闘志というか、強い欲求に勝る武器はないと思います。

だから偏差値が29でも、大学時代になんの実績がなくてもまったく問題ありません。

ちなみに、高校時代数学のテストで0点をとったクラスの友人3人のその後ですが、ひとりは電通でCMプランナーをしていて、ひとりは小学館でメディアミクスなどを活かした広告をしていて、もうひとりは医者になりました。

だから、0点を取っても諦めないでください。人生、そんなに捨てたものじゃありませんから。

おわりに

「テレ東に行くの？　しょぼくない？」

　大学の同級生に就職先を教えた時のリアクションです。色々な業種の上位3社ずつを受けるタイプの彼にとって、テレ東のような業界最下位の会社に就職することは格好悪く思えたみたいです。

　皆がこういう経験をしているからか、テレ東の社員はテレビマンなどと自称することにどこか遠慮があります。

　テレ東の就職面接の最後に、こんな質問をされました。

「数あるテレビ局の中でなぜテレビ東京を志望するんですか？」

　僕が答えに窮すると、面接官は「ごめんね、一応マニュアルに聞けって書いてあるからさー」と笑顔で付け足してくれました。その時、「ここ、きっといい会社だな」と思ったことを印象深く覚えています。

そういう背伸びしない、自虐的な空気が、テレビ東京に就職先を決めた理由です（あ、別に他のテレビ局に合格していたわけではないですけど）。

そんなテレ東だから、僕みたいな地味なタイプでも楽しくやって来れたと思いますし、変な番組ばかり企画してしまう僕を温かく受け止めてくれたのだと思います。

今回、なんの実績もないのに、偉そうに企画術やら発想術やらと講釈をたれたことを心よりお詫び申し上げます。なるべく早く、大ヒット作を世に出して、胸を張って語れる人間になれるよう精進します。

最後に、ここまで読んでくださった読者の方と、この書籍を出すにあたって、いろいろご協力くださった方、そして大学で知り合ってから17年間も僕のアイディアを面白い面白いと褒め続けてくれた妻に、この場を借りて心よりお礼を伝えたいと思います。ありがとうございました。

濱谷晃一

濱谷晃一（はまたに・こういち）

テレビ東京ドラマ制作部プロデューサー、監督。1977年、神奈川県出身。

高校時代、偏差値29から一浪して慶應義塾大学に入学。卒業後、2001年テレビ東京に入社。

制作局バラエティ班にて『ピラメキーノ』総合演出、『シロウト名鑑』演出などを担当した他、オリジナルドラマ企画『好好！キョンシーガール』のプロデューサー・脚本・監督も担当。その後、12年間所属したバラエティ班からドラマ制作部に異動。

ここ1年の間に、『俺のダンディズム』『ワーキングデッド』『太鼓持ちの達人』など、オリジナル企画を次々と実現させ、メディアにも注目される。ドラマ24『怪奇恋愛作戦』のプロデューサー・監督も担当し、テレビ東京でも異色のドラマプロデューサーとして活躍中。

テレ東的、一点突破の発想術

著者　濱谷晃一
2015年2月25日　初版発行

発行者　横内正昭
編集人　青柳有紀
発行所　株式会社ワニブックス
〒150-8482
東京都渋谷区恵比寿4-4-9えびす大黒ビル
電話　03-5449-2711（代表）
　　　03-5449-2716（編集部）

装丁　橘田浩志（アティック）／小栗山雄司
編集協力　中野克哉
図版制作　横山 勝
校正　鈴木初江
編集　川上隆子（ワニブックス）

印刷所　凸版印刷株式会社
DTP　株式会社 三協美術
製本所　ナショナル製本

ISBN 978-4-8470-6557-6
ワニブックス【PLUS】新書 HP　http://www.wani-shinsho.com